◎ 江苏省住房和城乡建设厅　组织编写

田园
乡村

特色田园乡村

乡村建设行动的江苏实践（下）

周　岚　刘大威　等著

中国建筑工业出版社

图书在版编目（CIP）数据

田园乡村：特色田园乡村：乡村建设行动的江苏实践：上、下．2 / 江苏省住房和城乡建设厅组织编写；周岚等著．—北京：中国建筑工业出版社，2021.4
ISBN 978-7-112-26011-9

Ⅰ．①田…　Ⅱ．①江…②周…　Ⅲ．①乡村规划—案例—江苏　Ⅳ．①TU982.253

中国版本图书馆 CIP 数据核字（2021）第 050914 号

序言
特色田园乡村：乡村建设行动的江苏实践

◎ 周 岚 崔曙平 曲秀丽

周 岚 江苏省住房和城乡建设厅厅长
研究员级高级城乡规划师
崔曙平 江苏省城乡发展研究中心主任
研究员级高级工程师
曲秀丽 江苏省住房和城乡建设厅
村镇建设处副处长

本主题文章由三人执笔完成，在工作谋划和实践推动中，顾小平、刘大威、赵庆红、杨洪海、金文、路宏伟、刘涛、何培根等同志均有贡献。

乡村，是中华文明的根基，对于中国人有着特别重要的意义。作为农耕文明源远流长的民族，中国人有着特别浓厚的土地情结。几千年来我们的祖先依附于土地和自然，顺天时、就地利，辛勤耕耘，生生不息，在此过程中催生了以农耕文化为核心的灿烂文明，形成了一大批既有天人合一自然格局，又有和谐井然社会秩序的传统乡村。所以说，蕴含着深厚的生产生活和营建智慧的乡村是中国人的情感故乡和心灵家园。习近平总书记的一句"乡愁"道出了所有中国人的心底情感。

但是，近代以来的工业化与城镇化进程从生产方式和生活方式上根本改变了城乡关系，大量的农业人口流向城市，乡村自给自足的经济与社会体系逐渐被打破，由此引发了乡村经济、社会、文化和环境的剧烈变迁和深刻转型。人口老龄化和空心化、资源外流、公共服务短缺、环境恶化、乡土文化式微成为许多乡村面临的共性问题。实际上，城镇和乡村发展的失衡问题，不惟中国所独有，也是全球的普遍现象。城镇化、工业化乃至全球化、信息化背景下的乡村将何去何从，已成为国际社会十分关注的重要议题。

围绕这一议题，在党的十八大以来我国农业农村发展取得历史性成就的时代背景下，党的十九大做出了实施乡村振兴战略的重大决策部署，"从全局和战略高度来把握和处理工农关系、城乡关系" [1]，为推动城乡融合发展、走中国特色的乡村振兴之路指明了方向。2020 年，党的十九届五中全会进一步提出实施"乡村建设行动"，并将乡村建设行动作为"十四五"时期全面推进乡村振兴的重点任务。

编写委员会

主　　任：周　岚　顾小平

编　　委：刘大威　赵庆红　杨洪海　金　文
　　　　　路宏伟　崔曙平

编著人员：周　岚　刘大威　崔曙平　曲秀丽
　　　　　何培根　王　菁　富　伟　王泳汀
　　　　　武君臣　周心怡　卞文涛　宗小睿

按照中央的战略部署，江苏实施了一系列推动乡村振兴的务实行动。其中2017年开展的特色田园乡村建设行动和2018年接续开展的苏北农房改善工作，被认为是"结合江苏省情对乡村建设行动的先行实践和有益探索，也是推动乡村振兴战略实施的有效路径"[2]。江苏特色田园乡村建设行动围绕"特色、田园、乡村"三个关键词，积极打造特色产业、特色生态、特色文化，塑造田园风光、田园建筑、田园生活，建设美丽乡村、宜居乡村、活力乡村，致力展现乡村"生态优、村庄美、产业特、农民富、集体强、乡风好"的现实模样[3]。

正如时任江苏省委书记李强同志指出的："特色田园乡村不是简单地复制过去的乡村建设模式，也不是简单的乡村美化行动，它既是展现社会主义新农村建设成效的直观窗口，又是传承乡愁记忆和农耕文明的当代表达，也是农村发展'一村一品'和生态保护修复的空间载体，其建设过程还是组织发动农民、强化基层党建、培育新乡贤、提高社会治理水平、重塑乡村凝聚力的有效途径。"[4]因此，江苏特色田园乡村建设整合了众多工作和行动内容，但又有所区别，它旨在通过系统化的集成行动，努力塑造新时代乡村振兴的现实模样，努力呈现"城市让生活更美好，乡村让城市更向往"这样一种"城乡融合、美美与共"的美好图景。

江苏特色田园乡村建设不等同于农村人居环境改善工作。农村人居环境改善强调围绕农民群众关切，具体推动农村危房改造、农村污水和垃圾整治以及"厕所革命"等一件件民生实事。特色田园乡村建设工作则在江苏已完成的村庄环境整治行动[5]和村庄环境改善

[1] 习近平. 把乡村振兴战略作为新时代"三农"工作总抓手 [J]. 求是，2019(11).

[2] 2020年11月7日中央一号文件贯彻落实情况第11督查组对江苏的督查意见。

[3] 2017年6月江苏省委、省政府印发《江苏省特色田园乡村建设行动计划》，从重塑城乡关系的角度，着眼长远并推动务实行动，提出建设立足乡土社会、富有地域特色、承载田园乡愁、体现现代文明的特色田园乡村，明确把特色田园乡村建设作为"三农"工作的有效抓手，作为推进农业供给侧结构性改革、在全国率先实现农业现代化的新路径，要求对现有农村建设发展相关项目整合升级，集中力量、集聚资源、集成要素扎实推进，打造特色产业、特色生态、特色文化，塑造田园风光、田园建筑、田园生活，建设美丽乡村、宜居乡村、活力乡村，展现"生态优、村庄美、产业特、农民富、集体强、乡风好"的江苏特色田园乡村现实模样。

[4] 2017年8月29日，时任江苏省委书记李强同志在全省特色田园乡村建设座谈会上的讲话。

[5] 2011年，江苏省委办公厅、省政府办公厅印发《江苏省村庄环境整治行动计划》，规划发展村庄实施"六整治、六提升"，一般自然村突出"三整治、一保障"，集中整治农民群众需求最迫切、反映最强烈的村庄环境"脏乱差"等问题。通过五年的努力，到2016年江苏完成了城市规划建设用地外所有自然村的环境整治全覆盖任务，并获得中国人居环境范例奖。

[6] 2016年，江苏省委办公厅、省政府办公厅印发《江苏省村庄环境整治改善提升行动计划》，以镇村布局规划优化为指导，积极推进美丽宜居乡村建设、村庄生活污染治理、传统村落保护等工作，巩固村庄环境整治成果，持续改善农村人居环境。

提升行动 [6] 的基础上，强调以"一代人有一代人使命"的责任意识和新时代文化自信，建设塑造让"城里人向往"的美好乡村，努力让"今天的乡村建设精品，成为明天致力保护的文化景观"。

江苏特色田园乡村建设不等同于传统村落保护工作。它既重视历史文化名村和传统村落的文化资源挖掘，重视乡村传统民居、历史遗存、乡风民俗，以及村落与自然有机相融关系的保护，也注重时代感和现代性的体现，关注农民群众现代生产生活条件的系统改善，致力为农民群众提供更好的交通和基础设施，让农民群众享受到更好的公共服务，过上更有品质的生活。在建设手法上，强调"现代建设和乡愁保护并行不悖"，重视乡村传统建筑和空间的当代创新利用，重视乡村工匠和传统营造方式的当代传承发展，重视在乡土材料的利用中融入现代科技，重视塑造具有地域特色、时代特征的新时代民居。

江苏特色田园乡村建设也不等同于美丽宜居村庄建设。它关注的空间范围不仅仅局限于美丽宜居村庄本身，也同时关注村庄和山水、田园的整体塑造；它关注的内容不仅止于物质环境美化，更旨在通过美好空间环境的整体塑造联动推动产业发展、文化复兴、生态改善和乡村社会治理能力提升。

这样高的定位要求决定了江苏特色田园乡村建设的实践难度，如果没有改革创新的精神、没有强有力的政策支持、没有基层的务实行动是难以实现的。但因有幸身处伟大的新时代、有幸身处长三角、有幸身处江苏，使得特色田园乡村建设的规划蓝图正在江苏乡村大地上逐渐成为美好现实。

一是有幸身处伟大的新时代。在中国改革开放以来，尤其是在党的十八大以来所取得的"全方位、开创性"成就和"深层次、根本性"变革的基础上，以习近平同志为核心的党中央将"全面深化改革"作为坚持和发展中国特色社会主义的基本方略之一，持续完善和发展中国特色社会主义制度，"我国已转向高质量发展阶段，制度优势显著，治理效能提升，经济长期向好，物质基础雄厚，人力资源丰富,市场空间广阔,发展韧性强劲,社会大局稳定"[7]。这些都为包含城乡建设在内的各领域发展和完善创造了难得的历史机遇,引领我们不断改革创新、务实行动,只争朝夕,不负韶华。

二是有幸身处改革开放新高地的长三角。长三角地区是"全国发展强劲活跃增长极、高质量发展样板区、率先基本实现现代化引领区、区域一体化发展示范区、改革开放新高地"[8]。这里有密集的城市群和集中的创新型城市人口,对农业农村供给侧改革有着巨大的市场需求;这里是传统的农耕文明富庶地区,也是新时代"两山"理论的发源地,还是"千村示范、万村整治"人居环境改善工程的率先实践地。可以说,长三角是探索全球化、城镇化、工业化、信息化、农业现代化背景下乡村未来的最好背景、最好环境和最佳对象。

三是有幸身处江苏这片新时代建设发展的沃土。江苏拥有悠久而灿烂的农耕文明历史,自古就是鱼米之乡,享有"苏湖熟,天下足""小桥流水人家"的美誉;发展到当代,江苏较早探索农村工业化的"苏南模式",在改革开放以来的经济社会快速发展进程中,涌现出一大批有实力、有特色的镇村,逐步发展成为全国城乡居民收入差距比较小的地区之一。在按照国家部署认真做好全面小康社会建设、脱贫攻坚战、农村人居环境整治等"三农"工作的同时,我们认真学习了习近平总书记关于"绿水青山就是金山银山"等重要论述以及中央一系列相关要求,组织开展了"国际乡村发展比较研究"和"江苏乡村可持续发展专题研究",提出了田园乡村建设倡议[9],得到了省委主要领导的批示肯定[10]。随后,按照省委、省政府的部署,我们会同相关部门牵头推动特色田园乡村建设行动计划实施。

2017年6月,省委、省政府印发了《江苏省特色田园乡村建设行动计划》,要求按照试点示范阶段、试点深化和面上创建分步有序推动特色田园乡村建设实施。通过自上而下的部署发动和自下而上的基层自愿申报,2017年8月明确了第一批45个试点村庄,其中连云港赣榆区小芦山等4个村为省定经济薄弱村。第一批试点村庄带来的显著变化,调动了基层参与特色田园乡村试点工作的积极性

[7] 中国共产党第十九届中央委员会第五次全体会议公报,2020年10月29日。

[8] 习近平在扎实推进长三角一体化发展座谈会上的重要讲话,2020年8月22日。

[9] 2017年3月18日,江苏省住房和城乡建设厅联合江苏省委农工办、中国城市规划学会、中国建筑学会、江苏省乡村规划建设研究会等在昆山祝家甸村乡村砖窑文化博物馆主办了"当代田园乡村建设"研讨会,发布了"当代田园乡村建设实践·江苏倡议"。

[10] 时任江苏省委书记李强同志在《新华日报》2017年3月31日报道《乡村复兴,需重塑田园之美:规划大师齐聚昆山倡议推动田园乡村建设》上作出批示:"此事很有意义!省住建厅要跟踪服务,及时指导,做出特色。"

和主动性，随后第二批、第三批试点村庄名录陆续公布。在 136 个试点村庄多元实践探索以及动态跟踪优化的基础上，印发了《江苏省特色田园乡村创建工作方案》，推动开展更广的面上创建工作。面上创建工作注重差别引导，苏南苏中地区城镇化水平较高、村庄基础较好，侧重选择集聚提升型、特色保护型村庄开展特色田园乡村创建，从城乡融合角度推动农业供给侧改革、高效农业和乡村旅游发展；苏北地区受历史上"黄泛区"的影响，农房质量和村庄基础较差，同时城镇化仍处于快速发展阶段，因此按照"四化同步"要求，结合苏北农房改善工作同步推动新建农村社区同步建设特色田园乡村。通过村庄试点和面上创建的努力，到 2020 年底全省有324 个村庄通过了省级特色田园乡村验收命名，覆盖了全省 93.4%的涉农县（市、区）。2020 年 12 月《江苏省特色田园乡村建设管理办法》印发，明确了特色田园乡村的动态管理制度，旨在推动已命名村庄在巩固建设成果的基础上形成持续振兴的内生动力，不断深化探索乡村现代化的实现路径。

经过三年多的持续推动，江苏特色田园乡村建设行动取得了显著的阶段性成效，一大批已经命名的省级特色田园乡村彰显了新时代乡村的多元价值，在优化重塑山水、田园、村落的基础上实现了内外兼修的综合发展，以人民群众可观可感的真实环境展现了美好乡村的现实模样，提升了农民群众的获得感、幸福感和安全感，探索了乡村振兴的多元实践路径，形成了可借鉴、可复制、可推广的多样化成果，得到了政府、学界、社会和群众的充分肯定，中央电视台、《人民日报》、学习强国等国家级媒体平台多次报道江苏特色田园乡村建设实践，《中国农业报》和《中国建设报》先后头版整幅介绍推广。

一、立足挖掘新时代乡村的多元价值

江苏特色田园乡村建设行动从挖掘新时代乡村的多元价值做起，推动发挥乡村的独特功能，深度挖掘它在提供粮食安全、维护生态平衡、保护乡土文化乃至稳定社会关系等方面的多元价值，推动田园生产、田园生活、田园生态的有机结合，致力"让我们的城镇化成为记得住乡愁的城镇化，让我们的现代化成为有根的现代化"[11]。

从粮食安全角度看，乡村是"中国人的饭碗"所系。农业生产是乡村最基本的功能，我们的祖先在与土地打交道的过程中发展形成了一整套"顺天时、就地利"的生产方式和生活方式，因此养育了世世代代的亿万中国人。时至全球化的今日，粮食安全仍是关乎国计民生的头等大事，"仓廪实，天下安"，习近平总书记深刻指出："中国人的饭碗任何时候都要牢牢端在自己手上。我们的饭碗应该主要装中国粮。"而要用仅占全球9%的耕地养活占全球人口20%的中国人，就必须发展好农业，留得住农民，保护好耕地和乡村空间。

从绿色发展角度看，乡村是大自然的底色和生态基底，是消除与平衡城市碳排放和碳足迹的重要保障。根据联合国资料，在全球的碳排放中，城市集中的碳排放超过了70%，而广袤的乡村则承担着生态环境调节功能和生态产品供给功能，提供了新鲜的水、自然的空气、开放的绿色空间等生态资源，还是各类生物繁衍生息的主要栖息地，呈现出丰富的生物多样性特征。同时，中国的乡村聚落与山水林田湖草有机相融，蕴含着丰富的天人合一、人与自然和谐相处的绿色生存之道和生态文明智慧。

从文化传承的角度看，乡村是中华民族的文化根脉所在，凝聚着乡愁，承载着记忆。保存至今的历史文化名村、传统村落和农业文化遗产，是中华民族与土地及大自然相存相依的实物见证和智慧结晶；乡村丰富多彩的民俗节庆、民间戏曲、传统手工艺等非物质文化遗产，与乡村熟人社会的人情和人情秩序，共同构成"乡愁"的典型表达。

从社会发展角度看，乡村是经济波动时期的社会"稳定器"。随着经济社会的发展变迁，农业在如今国民经济中的份额已经很小[12]，第一产业的从业人数在就业结构中占比也不高，但是乡村在经济下行时期扮演着农民返乡就业的"蓄水池"作用，是稳定社会的重要力量。正因如此，党的十九大明确农村"保持土地承包关系稳定并长

[11] 王伟健. 乡村复兴，守住文明之根——江苏建设特色田园乡村观察 [N]. 人民日报· 一线视角，2017-9-1.
[12] 根据国家统计局资料，2018 年中国第一产业占经济 GDP 比重为 4.4%，第一产业占就业人员 26.1%。

久不变"，同时乡村也是提高社会治理能力的重要阵地。

从人的全面发展角度看，乡村慢节奏、牧歌式的生活是都市紧张生活的"平衡器"。"采菊东篱下，悠然见南山""开轩面场圃，把酒话桑麻"，这些关于乡村的咏叹至今广为流传，可见许多中国人心中都有一个田园梦。尤其在生活节奏日益快捷的现代都市社会，乡村舒缓的生活节奏、开敞的自然空间、熟人社会的亲切感等，是拥挤、紧张、高效都市生活方式的极好平衡。如乡村塑造引导得当，可以成为满足新时代人民对美好生活向往的诗意栖居地。

从新型产业发展的角度看，乡村亦可以成为创新经济的重要"集聚地"。新型产业和创新经济的发展，本质上取决于对人才的吸引力，而人才对于生活环境的宜居品质要求很高，特别是在城镇化的主阵地——城市群和都市圈地区，田园风光、山水景观越来越成为稀缺资源，美好乡村不仅可以成为现代农业、高效农业、生态农业的空间，还可以成为创意产业、智能产业、健康产业、环境产业、文化产业等新经济、新业态的理想工作场所，成为文化创意村、智慧信息村、科技研发村等现代产业的集聚地。

二、积极探索乡村振兴的多元路径

新时代乡村的多元价值实现，有赖于乡村供给侧结构性改革，而推动乡村供给侧结构性改革，必须找准乡村发展的定位。我们认为，有别于城市功能的"综合而强大"，乡村发展应立足于"特而专、小而美"。具体到不同的村庄，"十里不同风，百里不同俗"，可以说每一个乡村都是独一无二的存在，其发展路径的选择应基于对其特色资源的深度挖掘，因村制宜确定差别化的路径推动其发展。

三年多的江苏特色田园乡村建设实践，进一步坚定了我们当初的想法：我们认为，在国家推动乡村振兴的有利背景下，当代中国乡村的发展可以有多种的可能和多元的路径，乡村振兴不仅要有国家和地方政府"自上而下"的政策支持，还要有因村制宜"自下而上"的基层内生动力发挥。基于江苏特色田园乡村建设与苏北农房改善工作实践，我们总结梳理出 16 条基于乡村特色资源挖掘、通过特色田园乡村建设激活乡村多元价值实现的差别化路径。这些路径，不可能涵盖乡村振兴和乡村建设行动的万千条道路，但是从一个角度生动地展现了乡村振兴和乡村建设行动的丰富可能。

1. *自然之野趣*。当久居城市的人们与自然日渐疏离，乡村充满野趣的自然环境和生物多样性成为宝贵的发展资源。江苏特色田园乡村建设高度重视乡村自然野趣的保护，将保护和修复乡村的自然山水环境本底作为重要内容，努力使乡村独特的自然生态成为撬动乡村发展的魅力资源和比较优势。以苏州常熟市董浜镇观智村天主堂自然村为例，它紧邻泥仓溇省级湿地公园，是太湖平原重要的鸟类栖息地，拥有珠颈斑鸠、戴胜、棕头鸦雀等数十种珍稀鸟类资源。它的特色田园乡村建设方案围绕"田园湿地、乡村归心"的发展定位，在积极保护和修复湿地资源的基础上，发展以观鸟为特色的生态旅游、生态摄影服务产业，带动生态农产品销售，实现了从传统农业村向生态旅游村的转型发展。

2. *大地之馈赠*。"一方水土养一方风物"，传统经典农产品是天赐乡村的大地馈赠。江苏自古以来就是鱼米之乡，拥有丰饶而优质的农、林、渔业特色产品资源。江苏特色田园乡村建设着力推动在保护利用农产品经典的同时，运用现代技术手段让它发挥出更大的价值，让乡村实现基于本土的发展振兴。如苏州昆山市巴城镇武神潭村、无锡惠山区阳山镇前寺舍村、连云港市连云区高公岛村的特色田园乡村建设，与阳澄湖大闸蟹、阳山水蜜桃、高公岛紫菜等农产品地理标识品牌的塑造有机联动，实现了守住"农本"基础上的时代发展和进步。

3. *舌尖之美味*。民以食为天，当绿色健康的乡村美食与乡土生态的乡村美景、淳朴独特的乡村风情有机结合在一起时，可以汇聚成乡村振兴的巨大能量。江苏特色田园乡村建设注重挖掘乡村传统美食资源，推动将健康食材、家乡风味、田园环境、乡土文化体验等联动塑造。如泰州泰兴市黄桥镇祁家庄村整理打造的传统农家宴

"八大碗"，已成为吸引游人前来的乡村美食品牌；苏州吴江区震泽镇谢家路村将长漾湖边的旧工厂改建为品尝"太湖水八仙"的特色美食体验中心，引得四方客来，使原本衰败的村庄焕发了生机活力。

4. 季相之缤纷。四季的演变，既形成了千百年来农人恪守的耕作节律，也造就了变幻多姿的乡野景观。春赏百花夏赏荷，秋观红叶漫山坡，已成为深受现代都市人喜爱的休闲旅游方式。春天，苏州高新区通安镇树山村的梨花竞相开放，漫山香雪海吸引着大江南北无数游客纷至沓来；秋日，徐州邳州市铁富镇姚庄村道路两边的银杏构成了一座金色的"时光隧道"，成为热门的网红"打卡"地。特色田园乡村建设将大自然循环更迭之美，打造为乡村旅游的特色名片，并通过文旅融合、农旅联动、体旅结合等多元举措努力延展季相资源的价值，推动从单季的乡村旅游向全季节性的产业模式转变。

5. 农业之链条。农业是乡村的根本，乡村振兴的关键在于乡村产业的振兴。江苏特色田园乡村建设积极推动构建从田头生产、农产品加工到体验式乡村旅游和乡村文化消费的"1+2+3"产业链条。如徐州铁富镇姚庄村围绕"一棵树"资源，深挖银杏特色，做大产业文章，依托全村 2700 多亩的银杏林，建设融"苗、树、叶、果"一体的银杏综合生产基地和银杏科技产业园，推动银杏深加工形成生物制药、保健品、休闲食品和洗化用品等多个特色产业，先后开发生产银杏酮、银杏油、银杏保健品、银杏茶、银杏酒、银杏化妆品、银杏休闲食品、银杏饮料、银杏木制品、银杏生物原料药等几十种产品，并通过打造网红"时光隧道"发展乡村旅游，逐步形成了集育苗、种植、销售、深加工、旅游观光为一体的银杏全产业链。

6. 科技之翅膀。现代科学技术是改变"农业望天吃饭"格局的决定性力量。为农业插上科技的翅膀，可以使农业栽培更加精准，农业生产效率更高、农产品更有价值。江苏特色田园乡村建设致力推动发展高附加值农业，形成基于现代农业科技的长板优势。如盐城东台市三仓镇的兰址村、联南村、官苴村，它们将特色田园乡村建设与万亩菜篮子基地、西甜瓜供港基地的打造有机联动，推动农业科技创新、高标准种植生产、现代农产品加工物流、休闲农业协同发展。2019 年已成功创建为国家农业现代产业园。

7. 农村之延展。互联网拉近了乡村与消费者的距离，城乡连通性的改善拉近了城市和乡村的时空距离。江苏特色田园乡村建设顺应长三角一体化、区域协同和城乡融合发展的新趋势，抓住互联网时代的发展机遇，推动乡村市场向城市、区域的延伸拓展。宿迁沭阳县庙头镇仲楼村将传统花木种植产业链接到"互联网"上，产品远销全国各地，2020 年电商年销售额达到 9000 万元，成为"淘宝花木第一村"。再如泰州兴化市千垛镇东罗村通过建立"政府＋社会资本＋村集体＋村民"的特色田园乡村建设模式，依托万科城市物业网络，实现了本地农产品与城市千家万户的快速联结，走出了一条城乡融合、合作共赢、利益共享的发展之路。

8. 乡村之体验。阿尔文·托夫勒在《第三次浪潮》中曾预言"服务经济的下一步是走向体验经济"。田野纵横、阡陌交织、鸡犬相闻的"三生融合"乡村环境，正吸引着越来越多的城市人下乡体验。江苏特色田园乡村建设致力丰富乡村体验的载体和内容，满足人们渴望回归自然、回归本真、体验乡土的心理需求。如南京江宁区江宁街道黄龙岘村致力营造"茶文化"环境，让都市人可以深入乡村赏茶园、采茶叶、观制茶、品美茶，体味"采茶东篱下，悠然见南山"的意境；再如徐州铜山区伊庄镇倪园村致力营造原味乡土村落，彰显苏北石山民居特色，加上地方风情、民间工艺的深入挖掘，推动农旅结合促进乡村发展，变成了当地炙手可热的"最美小山村"。

9. 身心之康养。与城市生活的"快节奏"相比，乡村里富含负氧离子的清新空气、"绿树村边合，青山郭外斜"的乡村自然环境和"开轩面场圃，把酒话桑麻"古朴纯真、恬淡静谧的乡村"慢生活"方式，成为都市人舒缓紧张压力，寻求健康养生的世外桃源。江苏特色田园乡村建设注重引导乡村依托温泉、竹海、森林氧吧等资源，发展休闲旅游、特色养生、田园民宿、医疗养老等康养产业。如常州金坛区薛埠镇仙姑村的特色田园乡村建设，凸显了乡村温泉的吸引力，已成为吸引城市人康养身心的好去处；再如南京高淳区桠溪街道大山村以"国际慢城"为主题，着力营造"慢生活、慢休闲、慢运动"的乡村环境，推动实现了从一个偏僻落后小山村向特色魅力新乡村发展的逆袭。

10. *山水之画卷*。有颜值的地方就有新经济，乡村山水田园画卷之美和诗意栖居的生活方式，不仅吸引着游客的来访和观光，推动着原住村民的返乡和创业，还吸引着社会资本和新村民的融入。江苏特色田园乡村建设注重推动在青山、绿水、田园、花海、竹林、茶山、古村、乡居等田园本底的基础上，设计建设满足人们诗意栖居的当代美丽乡村。如南京江宁区横溪街道石塘人家通过宜居乡村和美好山水、美丽田园的整体塑造，推动了乡村＋旅游＋美食＋休闲＋培训＋养老＋互联网等资源的跨界整合，实现了由当初的"空巢村"到如今的山水茶竹魅力新乡居的华丽转身。

11. *历史之积淀*。历史文化名村和传统村落是祖先营建人居家园智慧的结晶，农业文化遗产亦是乡愁记忆的重要载体。江苏特色田园乡村建设注重推动使历史的积淀成为乡村振兴的重要文化力量，推动乡村文化遗产的当代复兴。如泰州姜堰区淤溪镇周庄村利用里下河独有的垛岸传统农耕特色景观，再现水乡传统生活风貌和魅力，开发农耕文化、乡土民俗、风光体验等旅游活动；再如南京溧水区白马镇李巷村系统梳理村中红色革命文化资源，组织对陈毅、江渭清、钟国楚等新四军高级将领故居的保护性修缮，布设相关展陈设施，系统讲述抗战时期"苏南小延安"的红色历史，今天的李巷村已成为南京市重要的红色教育培训基地。

12. *乡贤之效应*。乡贤是村庄的骄傲，是村里人的财富，也是乡村发展的重要资源。江苏特色田园乡村建设注重保护、保留、保存与乡贤文化相关的各类物质和非物质文化资源，深入发掘传承乡贤的精神文化，在留住乡愁记忆的同时推动乡村发展。如扬州高邮市三垛镇秦家垛村围绕"秦观故里"打造，保护修缮秦氏老宅及宗祠等，多元再现乡贤名人秦少游的历史生活环境，生动诠释其生平事迹及代表词作等，通过乡贤名人文化影响力的当代塑造，为乡村的时代发展注入活力。

13. 技艺之魅力。乡村技艺是乡村传统文化的一种重要表达。在全球化、工业化和城镇化的大浪冲击下，乡村传统民俗技艺的被动式保护难以阻挡其式微的趋势，必须通过创造性转化和创新性发展，彰显其独特文化魅力。江苏特色田园乡村建设注重发扬光大乡村的传统技艺，使之不仅可以丰富乡村的日常生活，更可以成为触媒带动乡村的综合发展，成为乡村重拾文化自信的力量。徐州贾汪区潘安湖街道马庄村聚力推动传统香包手工制作技艺的传承创新，建设了香包文化大院、香包文创综合体等新型产业空间，带动村民利用手工香包创业就业，得到习近平总书记的亲自"捧场"点赞；再如南通如皋市如城街道顾家庄发挥"花木盆景之乡"的传统技艺，在特色田园乡村营建和景观设计中融入了盆景制作的文化元素，在发展盆景产业的同时营造了村庄"处处是风景，花木富村民"的独特风貌。

14. 艺术之创作。在中国乡村从传统向现代嬗变的过程中，乡村的衰落既引发了怀旧的惆怅和伤感，更激发起了有社会责任感的艺术家、设计师、创意人员等的创造激情，艺术介入在如火如荼的乡建实践中，已成为一股不可忽视的力量。江苏特色田园乡村建设注重引导设计师、艺术家等创意人才投身乡村建设与发展。崔愷院士团队在苏州昆山市锦溪镇祝家甸村设计建设的乡村砖窑博物馆，以"轻介入"的现代设计手法激活了乡村工业遗产之美，展陈再现了传统金砖制作之文化魅力，在获得全国田园建筑一等奖的同时，成为广受年轻人喜爱的"网红打卡建筑"，它不仅推动了乡村历史遗存的当代创新利用，还带动了祝家甸村的文化创意产业、乡村旅游业的同步发展，激发了村民改善建设乡村家园的自主积极性。

15. 农民之创造。乡村是农民世代生活的家园，乡村振兴必须激发农民的主体作用，发挥农村基层组织、致富带头人和新乡贤建设家园、振兴乡村的创造力。江苏特色田园乡村建设坚持党建引领，注重发挥农民群众的主体作用和首创精神，以乡村建设为载体和突破口，引导和激励农民群众共同探寻乡村发展之路。如苏州常熟市支塘镇蒋巷村常德胜老书记，带领全村共同努力，接续推动农业起家、工业发家、生态美家、旅游旺家、精神传家，用集体的力量逐步将当初"血吸虫横行的荒草洼"变身为今天的乡村振兴新典范；再如泰州泰兴市黄桥镇祁家庄村在模范村支书丁雪其的带领下，在特色田园乡村建设过程中积极发挥优秀党员、科技致富带头人的作用，通过创业培训券、创业贷款贴息券等一系列方式支持农民返乡创业，推动实现了由"负债村"向"经济强村"的转变，目前全村外出务工的村民已有约四分之三回乡创业就业。

16. 创新之力量。创新是发展的不竭动力，正如英国思想家约·斯·穆勒所说："今天的一切美好，均是创新的结果。"上述的15条路径不可能涵盖乡村振兴和乡村建设行动的多种可能。也许，唯有改革创新，是开启乡村振兴和乡村建设行动"一万种可能"的钥匙。正因如此，江苏特色田园乡村鼓励采用创新思维方式、生产方式、技术手段和治理策略，积极应对解决乡村发展面临的问题。如镇江句容市茅山镇丁庄村通过"产、村、景"联动，在改造升级传统葡萄种植产业的同时，探索形成了"葡醉葡乡"的乡村可持续发展之路；宿迁宿城区耿车镇蔡史庄借力互联网和物流网推动转型，让曾经著名的"捡破烂污染村"变身为"多肉植物淘宝村"；再如连云港赣榆区柘汪镇西棘荡村利用废旧渔网"织出"了绿色经济新发展之路，将曾经一穷二白的"花子村"，转型改造成为今日苏鲁交界的乡村振兴样板村。

三、致力推动内外兼修的综合发展

"让农业成为有奔头的产业，让农民成为有吸引力的职业，让农村成为安居乐业的家园"[13]是习近平总书记为乡村振兴摩画的美好蓝图，也是乡村建设行动的根本遵循。

围绕党的十九大提出的乡村振兴战略"五个振兴"目标，江苏特色田园乡村建设和苏北农房改善工作，在积极探索乡村多元化发展路

[13]习近平.把乡村振兴战略作为新时代"三农"工作总抓手[J].求是，2019(11).

径的同时，强调发挥设计的创新力量，梳理、挖掘、激活和彰显乡村的个性魅力与文化特色，提升村庄人居环境功能品质，改善乡村基本公共服务，使乡村美好环境的整体塑造成为推动生态改善、产业优化、改革创新、文化复兴、乡风文明和社会治理能力提升的触媒，带动并吸引人口、资源、技术等要素向乡村回流，使特色田园乡村真正成为"内外兼修、神形兼备"的新时代美丽宜居的乡村家园。

1. 以高水平的设计为引领，建设特色乡村

江苏在特色田园乡村建设实践中，牢记习近平总书记"让居民望得见山、看得见水、记得住乡愁"的要求，充分尊重不同地域村庄在自然条件、生产方式、布局形态、乡风民俗等方面的差异，努力使平原农区更具田园风光、丘陵山区更具山村风貌、水网地区更具水乡风韵。

围绕乡村特色风貌塑造，我们先后印发了《特色田园乡村建设规划指南》《特色田园乡村建设评价命名标准》《江苏地域传统建筑元素资料手册》《乡村营建案例手册》等，对特色田园乡村建设进行指导，还在全国范围内优选专业水平高、乡村设计经验丰富、社会责任感强、愿意服务江苏乡村规划建设的优秀设计师，涵盖规划、建筑、园林景观、艺术设计、文化策划等相关领域，汇编形成《特色田园乡村设计师手册》向基层推荐。经地方自主选择、对口联系，江苏136个特色田园乡村建设试点村庄中，有半数试点村庄的规划设计由院士、全国勘察设计大师和江苏省设计大师亲自"操刀"，是历史上高水平规划设计师聚焦江苏乡村最集中的一次。如齐康院士领衔设计的南京江宁区佘村，以"传统村落风貌特质保护与文化激活驱动乡村整体复兴"为发展理念，通过高品质的规划设计和精细化的建设建造，留住了村庄自然生长的"年轮"，实现了村内"七古"历史遗址、明清代建筑群等文化遗产与村落空间的有效织补、串联和修复，打造出蕴含佘村发展印记、特色鲜明的佘村"十景"，营造出充满历史文化魅力和乡土韵味的乡村环境，不仅增强了村民对家园的自豪感，还吸引了一批社会资本进驻，相继开发了林间漫步、溪谷漂

流、房车露营、精品民宿等旅游项目，使一个经济衰退的"空心村"成为承载"城里人"乡愁的诗意田园。崔愷院士领衔设计的苏州昆山祝家甸村砖窑文化博物馆项目，成为村庄活力提升的微介入原点，不仅实现了乡村历史遗存的当代创新利用，更推动了祝家甸村文化创意产业、乡村旅游业、体育休闲产业以及有机农业的同步发展，项目获得住房城乡建设部田园建筑优秀实例一等奖以及"2017—2018年度建筑设计奖"综合奖·建筑保护与再利用类金奖等国家级奖项。王建国院士领衔设计的钱家渡、全国勘察设计大师冯正功设计的倪园村以及江苏省设计大师丁沃沃、张雷、韩冬青、张应鹏、张京祥设计的黄庄村、沙头村、垄上村、马庄村、徐家院和观音殿村，已成为既有"美丽颜值"又有"品质内涵"的特色田园乡村。

2. 以物质空间的改善为先导，建设宜居乡村

事实表明，乡村基础设施不配套、基本公共服务跟不上、人居环境衰败恶化，是导致乡村空心化的重要原因。江苏特色田园乡村建设聚力推动增加乡村基础设施和公共服务设施的供给，改善乡村人居环境，努力使乡村居民享受到更好的公共服务，过上更宜居的乡村生活，同时也致力推动产业结构优化升级和人才回乡创业，实现村庄环境品质、公共服务、产业竞争力和乡村活力的同步提升。如宿迁宿城区耿车镇蔡史庄曾经是著名的废旧塑料回收加工村，虽然村民收入不少，但村庄环境整体较为脏乱，公共服务设施、环境质量较差。启动特色田园乡村建设后，蔡史庄以"水清田沃林丰人居兴旺"的生态宜居家园为发展目标，通过雨污管网改造、环境整治、道路铺设、绿化提升、发展生态农业等举措，不仅实现了村庄环境的"脱胎换骨"，还建成了春赏桃花、夏采蔬果、秋品花茶、冬采草莓的乡村田园，推动了乡村产业的转型升级。今天的大众村已培育形成了特色农业、网络创业、物流快递、塑料制品精深加工四个绿色新产业，从"废弃塑料加工场"变身为"创业梦工厂"。盐城东台市三仓镇兰址村拥有良好的西瓜种植和设施农业的产业基础，在特色田园乡村建设中，兰址村在做大做强乡村优势产业的同时，

通过种植乡土农林田网，推广"籽播地被"，美化"田头路肩"，丰富了村庄大地景观层次，改变了乡村环境面貌，还将产业文化融入乡村特色空间塑造，建成江苏首家西瓜博物馆，打造"瓜儿熟了"旅游季，年接待游客超 10 万人次。2019 年，产业强、百姓富、环境美的兰址村获得省级生态文明示范村称号。苏州吴江区谢家路村在特色田园乡村建设的短短两年间，新增二、三产业岗位百余个，创业项目近 20 个。乡村良好的发展环境和发展前景，不仅吸引了著名摄影师、建筑师在村内设立工作室，也吸引了网红农场运营本村蚕桑学堂和自然教育中心等，吸引项目投资超 500 万元。南京江宁区谷里街道，特色田园乡村在全域绽放，农民纷纷回乡创业，农家乐经营户年均收入五十余万元，民宿经营户年收入可达二十万元，还有不少村民将空置房出租，每年也有七八万元的年收入。如今的谷里乡间已成为"城里人的向往，他乡人的羡慕，本地人的自豪"之地。

3. 以改革创新为动力，建设创新乡村

乡村发展能否获得持久的动力，关键要看能不能把"改革"这篇文章做好。特色田园乡村建设积极推动政策机制的改革创新，强化政策的系统集成和制度性供给，推动资金、管理、技术、人才等要素集中配置，为乡村发展注入"源头活水"，让人"流"入乡、留在乡，让钱"流"进村，让地"活"起来，助力村庄提升自身发展能力，推动实现由政府输血到自我造血的转变，使乡村焕发出持久的生命力。

在确定特色田园乡村试点村庄名单时，江苏有意识地将一批省定经济薄弱村纳入了试点范围。对于这些缺乏资源优势，发展相对滞后的经济薄弱村，江苏通过构建特色田园乡村建设与扶贫工作有机衔接、统筹联动的工作机制，整合各类涉农资金，先行先试一批适用农村改革发展的试验项目和能够推广的试验成果，积极探索经济薄弱村的活力复兴之路。截至 2020 年底，纳入特色田园乡村省级试点的 10 个省定经济薄弱村全部实现脱贫目标，走上了持续发展振兴之路。如连云港灌南县新民村，通过整合特色田园乡村专项

[14]灌南县新民村：党旗下的新农村田园梦.
2020-12-5. https://www.360kuai.com/
pc/90030f45d12438a86?cota=3&kua
i_so=1&sign=360_57c3bbd1&refer_
scene=so_1.

奖补资金和省财政扶贫项目资金，大力发展稻田综合种养，建成了稻渔果示范基地，生产的"云稷福"大米入选2018年"江苏农产品品牌目录"名单。目前农业规模经营比重已超过60%，村集体收入连续两年超过30万元；农民年人均纯收入从当初的3000元左右增加到2019年的2.1万元，村庄还获得了全国乡村治理示范村、省首批生态文明建设示范村等荣誉称号[14]；宿迁沭阳县山荡村，在"五级书记"抓扶贫和乡村振兴的领导机制支持下，将脱贫攻坚与特色田园乡村建设有机结合，整合各条线相关支持政策，"集中力量"办大事，推动资金、项目、人才投向花卉苗木种植等优势产业，实现了特色产业快速发展，村集体收入从16万元增加至近70万元，村民年收入从1.8万元增加至近3万元；南京市高淳区垄上村、小茅山脚村，按照"确权、赋能、搞活"的基本思路，紧紧扭住土地这个核心、产权这个关键，深化农村承包地"三权"分置制度和集体产权股份合作制改革，积极推动集体资产股权"量化到人、固化到户、户内继承、社内流转"，通过盘活集体存量建设用地和闲置宅基地，唤醒了乡村"沉睡的资产"，激发了村民和市场参与的积极性，目前村民人均收入已超过2万元。在面上创建阶段，结合苏北农房改善工作，苏北有45个新型农村社区同步建成为建设品质高、公共服务好、产业发展优、环境条件佳、文化特色足、群众满意度高的特色田园乡村。如原省定经济薄弱村宿迁市宿豫区振友新型农村社区以"荷藕＋水产"为产业发展方向，结合特色田园乡村建设同步打造万亩荷藕产业基地，开发藕汁、藕粉等特色产品，集体经济收入由2018年52万元增加至110万元，低收入农户脱贫率和有劳力户就业率均实现100%，成为社区居民安居乐业的幸福家园。

4.以推动特色产业发展为主导，建设活力乡村

产业是乡村活力的基础，乡村振兴首先是产业振兴。江苏特色田园乡村建设把培育农业竞争优势强、比较效益好的特色主导产业放在优先位置，在推动培育"土字号""乡字号"农产品知名品牌和地理标志品牌的同时，积极推动延伸农产品产业链，改变乡村以传统种养业为主、产业链条短、业态单一的状况。如泰州兴化市东罗村与江苏省农科院、SGS（瑞士通用公证行）、万科农产品与食品检测实验室等专业机构合作，推出定位中高端的特色农业品牌"八十八仓"，形成了包括兴化大米、大麦若叶青汁、"珍膏兴"红膏蟹等系列品牌和产品线，同时发挥万科物业公司联结城市居住社区的优势，将优质农产品直供市民，实现了农民致富、乡村发展、企业拓展乡村市场的多赢目标；常熟市支塘镇蒋巷村围绕"绿色生态健康"现代农业品牌打造，大力开展村庄和田园生态环境修复，形成了天蓝、地绿、水净的自我循环的乡村自然生态系统，生产的大米等产品获得中国绿色食品中心认证和江苏省农业委员会无公害产品认证，成为行销全国的"热门货"。

在推动农业转型升级的同时，江苏在特色田园乡村建设中顺应人民对美好生活的更高要求和城乡居民消费升级的发展趋势，立足不同乡村资源禀赋，着力营造集山水美景、田园风光、现代产业、乡愁记忆为一体的空间环境，满足人们对"看得见山，望得见水，记得住乡愁"的生活愿望，大力发展旅游观光、休闲度假、农耕体验、创意农业、养生养老等适宜产业，以"生态+""互联网+""创意+"等方式，促进一二三产业融合发展，构建"接二连三"的农业全产业链。如常州溧阳市牛马塘村，依托红薯种植传统，推动优质红薯生产和红薯干、红薯酒等农产品加工发展，村里的红薯从原来的每斤3毛多卖到了每斤10元多。与此同时，以"薯文化"为主题，积极开发红薯文创产品，短短两年多，村里建成了红薯农场、红薯文创专营店、红薯博物馆、红薯西餐厅、红薯酒吧等一系列休闲旅游体验场所，全村每年游客达30万人次，旅游相关收入从当初的不到1万元增长到1200万元，成功地从一个偏僻的空心村变身为富有文艺气息的乡村旅游网红村，用"小红薯"写出了乡村振兴的大文章。

5. 以乡村环境共建共享为载体，建设和谐乡村

乡村治理是国家治理的基石，没有乡村的有效治理就没有乡村

的全面振兴。江苏特色田园乡村建设深度融入"共同缔造"理念，把强集体、育乡风、促治理列为重要的工作目标，在工作推进中充分发挥基层党组织的战斗堡垒作用和村民的主体作用，推动乡村建设全过程陪伴式服务，建立了设计人员驻村服务制度和特色田园乡村建设试点的基层实践"一对一"联动制度。设计师团队与乡村基层党组织、村集体、村民密切配合，共同设计、共同谋划、共建共享，不仅使乡村规划设计成果更接地气、更受欢迎，也推动形成了乡村建设发展"民事民议、民事民办、民事民管"的多层次协商格局，使特色田园乡村建设过程成为推动构建乡村治理新格局，培育文明乡风的过程。常州溧阳市塘马村在特色田园乡村建设中，通过建立村民议事堂，健全村级议事协商制度，搭建村民参与乡村建设和治理的平台，完善了村民表达诉求和意愿、保障权益、协调利益的机制，让村民成为乡村建设的"话事人"，在推动乡村人居环境改善的同时积极营造"睦邻家园"；徐州贾汪区马庄村在特色田园乡村建设中坚持党建引领、"文化兴村"，通过文化礼堂、村史馆、民俗文化广场和香包文创综合体等公共文化设施建设，以图片、实物、文字和各类民俗文化表演、非物质文化遗产展示等形式，真实记录党领导下乡村的百年巨变，展现了村庄发展的历史脉络、文化特色以及社会和谐之美，促进了农民精神风貌和社会文明程度的同步提升。马庄村的村民乐团远近闻名，2017 年 12 月习近平总书记走进了村文化礼堂，饶有兴致观看了他们为宣讲十九大精神排练的一段快板。习近平说，加强精神文明建设在这里看到了实实在在的落实和弘扬。[15]

四、探索发挥由点及面的区域带动作用

经过三年多的持续推动，到 2020 年底全省已有通过验收命名的省级特色田园乡村 324 个，覆盖了 93.4% 的涉农县（市、区），江宁、高淳、兴化、吴江等县（市、区）的省级特色田园乡村数量已超过 10 个，特色田园乡村建设已经由点的示范向区域延伸，"星星之火"渐成"燎原之势"。

[15] 习近平：实施乡村振兴战略不能光看农民口袋里票子有多少 [Z]. 央视新闻，2017-12-13.

2020 年，江苏省委、省政府印发《关于深入推进美丽江苏建设的意见》，明确将特色田园乡村建设作为"十四五"期间美丽江苏建设的重要抓手，提出全面推进美丽田园乡村建设，要求"到 2025 年建成 1000 个特色田园乡村、1 万个美丽宜居乡村"。未来，更多的特色田园乡村建设实践必将在江苏大地上生动展开。在此背景下，为更好地发挥特色田园乡村建设对乡村振兴的集聚示范效应，2020 年 12 月出台的《江苏省特色田园乡村建设管理办法》明确"支持特色田园乡村数量较多、空间分布相对集中的县（市、区）开展特色田园乡村示范区建设"。

一些地方在率先实践过程中，看到特色田园乡村建设对乡村面貌改善、乡村活力增加、在地农产品销售的积极作用，以及吸引城市人口、资本和要素资源下乡的推动作用，已经有意识地推动特色田园乡村建设与农房改善、高标准农田建设、农业现代园区发展、特色小城镇建设以及乡村旅游发展等有机联动，并通过"四好农村路"和乡村风景旅游绿道等串联整合，推动串点连线成片，已初步形成乡村振兴示范区的雏形。

为推动特色田园乡村建设工作，苏州市构建了"特色精品乡村 – 特色康居乡村 – 特色宜居乡村"市级工作体系，其中特色精品乡村即对标省级特色田园乡村。吴江区在此基础上，结合长三角一体化发展示范区建设，深度挖掘江村等乡村文化品牌资源，建成了谢家路、洋溢港、许庄、开弦弓、南库、黄家溪、金家浜、沈家坝、东庄田、北上、后港村等一批省级特色田园乡村，并积极谋划推动长漾、元荡、同里、桃源、浦江源、八坼运河 6 个特色田园乡村示范区建设。以长漾湖特色田园乡村示范区为例，38.52 平方公里范围内的所有域内村庄都达到了市级特色宜居乡村标准，并建成有 3 个省级特色田园乡村、1 个市级特色田园乡村、86 个市级特色康居乡村。在产业上，大力塑造"吴江太湖蟹""吴江香青菜""长漾大米"等农产品品牌，积极培育"蚕桑园""苏小花""村上·长漾里""米约""齐心小龙虾"等农文旅融合品牌；在文化上，以"中国·江村"

乡村振兴品牌为纽带，大力创制 IP、LOGO 等文化载体，推动形成区域文化共识；在空间上，建设环长漾"稻米香径"道路串联特色镇村，包括震泽镇、盛泽镇、平望镇、桃源镇、七都镇等历史文化名镇和特色小城镇，统一设置标识标牌，推动镇村联动发展振兴。目前，以长漾特色田园乡村示范区为核心的"美美江村"乡村旅游线路，已入选省级乡村旅游精品线路，正积极联系对接上海青浦区和浙江嘉善县，探索构建跨界融合的长三角一体化发展示范区的乡村精品游线，力争早日建设成为长三角一体化发展示范的乡村振兴典范。

盐城市将高标准推进苏北农房改善工作、建设高品质新型农村社区和特色田园乡村建设有机融合，全面推动农房改善工作从 1.0 版向 2.0 版迈进，全市共有 30 个新型农村社区被命名为"江苏省特色田园乡村"，特色田园乡村建设和农房改善工作的深度融合，有力推动了乡村面貌的显著提升，建设成效甚至让苏南、苏中干部群众羡慕赞叹。在此基础上，盐城市有意识地推动特色田园乡村、新型农村社区建设和河道整治、滨水绿道、慢行步道、自行车道的建设结合起来，目前蟒蛇河沿线、环九龙口地区等，已经初步形成富有魅力的乡村特色示范区雏形。

宿迁市宿豫区，在幸福大道沿线先后建成了林苗圃、双河里、朱瓦、振友、涧河村等一批省级特色田园乡村，同时结合苏北地区农民群众住房条件改善工作一体化综合布局了梨园湾、曹家集、白鹿湖、启宇、六塘河等新型农村社区。围绕特色田园乡村的建设和新型农村社区的布局，同步推动 10 万亩果蔬基地、10 万亩休闲农业和乡村旅游农园的打造，以农旅融合为特色，以绿色生态为基底，以产业集群为优势，建成了杉荷园、石榴园、梨园湾、林苗圃等自然生态观光园和省级宿豫现代农业产业园，培育形成了"香溢王庄""梨园人家""水韵双河""活力朱瓦""田园河西"五个特色片区，同时串联整合了大兴、来龙、新庄、关庙、仰化镇等重点镇和特色镇。为满足日益增长的乡村旅游需求，在幸福大道沿线综合布置了 5 个一级驿站、14 个二级驿站和 13 个旅游停留兴趣点。建成后，先后接待游客 794.22 万人次，实现旅游总收入 77.2 亿元，获评"全国休闲农业与乡村旅游五星级示范点"。

常州溧阳市对接省级特色田园乡村建设打造，推动实施"美意田园"行动，按照"村庄分类优布局、组团联动显特色、串点连线成网络、试点先行强示范"的思路，系统推进全域特色田园乡村建设。依托著名的"网红 1 号公路"、重点景区、农业园区和特色片区，规划建设形成 18 个市域特色田园乡村组团，形成全域景村共建的整体格局，通过沿线村庄打造，布置驿站、茶舍和观景台等功能配套设施，让村民走出田头，让产业走进乡村，打通绿水青山与金山银山之间的通道，实现田园山水、地域文化和乡村产业的振兴与融合。目前，已建成礼诗圩、牛马塘、塘马、杨家村、南山后、陆笪、陆家村等一批省级特色田园乡村，带动建成溧阳市级美丽宜居乡村 524 个。以曹山片区为例，它围绕省级特色田园乡村牛马塘的打造，持续实施北厂、留云、牛头山、李家庄村等特色田园乡村建设，大力发展杨梅、蓝莓、黑莓、碧根果、猕猴桃等特色农业项目，积极探索农产品深加工发展路径，形成了一批具有地域特色和品牌竞争力的农业地理标志品牌，引进了曹山花居等社会资本投资项目，吸引了 400 万游客前来参观、体验，村集体平均收入增加超百万元，农民人均收入从 1.5 万元快速增加至 4.5 万元。

南京市江宁区立足乡村建设高质量发展定位，明确所有 316 个规划发展村庄均按照产业、文化、生态、治理、富民"五位一体"联动发展要求建设特色田园乡村。在此基础上，重点推动发展 20 个特色田园乡村建设组团，支撑形成 4 个各具特色的特色田园乡村示范片区：西部丘陵田园乡村片区、中部水乡田园乡村片区、东部人文田园乡村片区、南部山地田园乡村片区，通过片区、组团、点三个层级系统构建形成"420316"特色田园乡村建设格局。以西部丘陵田园乡村片区为例，以黄龙岘、徐家院、观音殿、史家、大塘金村等省级特色田园乡村为示范标杆，带动建成了 58 个市级美丽乡村，同步培育了 1 家家庭农场、4 家农民专业合作社、4 家农业产业化龙头企业等新型主体，打造出"黄龙岘茶叶""苏家小烧""大塘金薰衣草"等 8 个特色农产品品牌。片区以 160 多公里长的乡村特色风景路串联，沿线配套建设了晏湖驿站、骑友驿站等 15 个乡村驿站，已成为南京都市近郊广受欢迎、独具魅力的乡村旅游目的地。在其特色田园乡村示范区建设培育过程中，注重引导农民通过房屋租赁、土地流转、合作经营、扶持创业和帮助就业等多种渠道增加收入，并通过入股合作、自行开发和兴办合作组织等多种方式，盘活了集体资产、存量建设用地和自然资源。片区内农民人均收入从 2017 年的 3.27 万元，增加至 2020 年的 4.15 万元，村均集体收入增长超过百万元。

这些地区的成功实践揭示出：在乡村振兴村庄"点"的建设实践基础上，通过村庄与山水田园的整体塑造，通过特色田园乡村、特色小城镇、现代农业园区、旅游景区的整体打造，可以形成以自然田园为特色本底、以乡村特色产业为发展抓手、以乡村文化和乡愁魅力为精神内核、以当代镇村为公共服务节点，通过滨水空间、四好农村路、风景旅游绿道、慢行步道等的串联，形成集山水美景、田园风光、现代产业、乡愁记忆为一体的连片空间，集成展现特色产业、特色生态、特色文化，成为能够体现乡村振兴现实模样的当代乡村魅力区，彰显乡村的田园风光、田园建筑和田园生活意境，呈现美丽乡村、宜居乡村、活力乡村的现实模样，成为人民群众可观可感、可深度体验的乡村振兴魅力区。

五、探索在路上：乡村振兴开启的"一万种可能"

习近平总书记指出："实现乡村振兴是前无古人、后无来者的伟大创举，没有现成的、可照抄照搬的经验。"江苏特色田园乡村建设和苏北农房改善工作，是通过改革创新，在改善乡村物质空间、强化美好环境整体塑造的同时，联动推动乡村经济社会转型发展、重塑乡村魅力和吸引力的积极探索。

江苏乡村建设实践给乡村带来的巨大变化，让我们更加深刻地认识到国家在完成全面建成小康社会脱贫攻坚任务之后，在开启全面建设社会主义现代化国家新征程之际，部署实施乡村建设行动的极端重要性：因为农业现代化不仅要保护基本农田，还要建设高标准农田，用现代科技、现代经营理念改造传统农业，发展智慧农业、高效农业、现代农业；因为农村现代化，不能止于农危房改造和农村人居环境整治，还要系统规划建设、改善农民的生活环境，为农民群众提供更好的住房，提升乡村的基本公共服务水平；因为生态文明的推进，不仅要管控好山水林田湖草，还要推动生态整治和修复，还乡村以山清水秀；因为中华文明的复兴，不仅要基于保护传统村落和农业文化遗产，更要以新时代的文化自信推动中华农耕文明实现新发展阶段的文化复兴振兴。

同时，我们认为乡村建设行动的实施，必须强调因地制宜、因村制宜，因为中国地大物博，乡村发展的区位条件、自然禀赋、经济发展、文化习俗、人口规模、发展基础等因素千差万别，因此不存在一个相同的发展范式、统一的乡村建设模式，乡村建设行动需要深入挖掘不同村庄在产业、文化、生态、空间等方面的特色资源优势，并在区域协同和城乡融合发展的背景下综合规划考量、系统推动建设实施，方能彰显乡村多元价值、绘就新时代"各美其美、美美与共"的"富春山居图"。

习近平总书记指出：实施乡村振兴战略是一项长期而艰巨的任务，要有足够的历史耐心。下一步，我们将继续认真落实中央和省委省政府相关部署要求，进一步立足省情特征，深入实施乡村建设行动，致力使今天的建设成为明天的文化景观，为贯彻落实习近平总书记对江苏"争当表率，争做示范，走在前列"重要指示做出更大贡献。也希望江苏的实践探索，能够为地方决策者、实践者、建设者带来启发，引发更多的延伸思考与创新实践，共同努力推动实现总书记提出的"中国要强农业必须强，中国要美农村必须美，中国要富农民必须富"的奋斗目标，也为世界解决乡村发展问题提供中国智慧和中国方案。

特色田园乡村
乡村建设行动的江苏实践

Contents 目录

03 建设名录

COUNTRYSIDE

—

Jiangsu Explore for
Rural Vitalization

田园乡村 特色田园乡村
乡村建设行动的江苏实践

03

建设名录

03

建设名录

江苏省特色田园乡村
分布图

江苏省特色田园乡村分布图（324个）

图 例
- ● 已验收命名的试点村庄
- ● 结合苏北农房改善创建村庄
- ● 其他面上创建村庄

03

建设名录

南京市已命名
江苏省特色田园乡村名录

浦口区

◎ 浦口区永宁街道青山社区何家洼
◎ 浦口区星甸街道后圩社区汪楼、胡顷
◎ 浦口区桥林街道福音社区八刘
◎ 浦口区汤泉街道瓦殿社区周庄关口章

栖霞区

◎ 栖霞区龙潭街道太平村王大组
◎ 栖霞区西岗街道桦墅村周冲组

江宁区

◎ 江宁区秣陵街道元山社区观音殿
◎ 江宁区谷里街道张溪社区徐家院
◎ 江宁区湖熟街道和平社区钱家渡
◎ 江宁区东山街道佘村社区王家
◎ 江宁区江宁街道牌坊社区黄龙岘
◎ 江宁区横溪街道石塘社区石塘人家（后石塘）
◎ 江宁区谷里街道双塘社区大塘金
◎ 江宁区汤山街道阜庄社区石地
◎ 江宁区禄口街道溧塘社区铜山端
◎ 江宁区秣陵街道胜家桥社区史家
◎ 江宁区淳化街道青山社区上堰
◎ 江宁区淳化街道周子村港东
◎ 江宁区禄口街道曹村社区山阴
◎ 江宁区淳化街道青龙社区东龙

六合区

◎ 六合区龙袍街道长江社区长江四组
◎ 六合区程桥街道金庄社区肖王盛

溧水区

◎ 溧水区洪蓝街道傅家边社区涧东
◎ 溧水区晶桥镇水晶村水晶
◎ 溧水区石湫街道九塘村李在凤
◎ 溧水区白马镇石头寨村李巷
◎ 溧水区晶桥镇芮家村石山下
◎ 溧水区洪蓝街道上港社区上庄

高淳区

◎ 高淳区桠溪街道瑶宕村吕家
◎ 高淳区东坝街道游子山村周泗涧
◎ 高淳区桠溪街道蓝溪村大山
◎ 高淳区桠溪街道跃进村西舍
◎ 高淳区漆桥街道茅山村下城
◎ 高淳区固城街道游山村邢家
◎ 高淳区固城街道游山村陈村
◎ 高淳区东坝镇青山村垄上
◎ 高淳区东坝街道游子山村大仁凹
◎ 高淳区东坝镇游子山村小茅山脚
◎ 高淳区固城街道蒋山村汪家垄
◎ 高淳区漆桥街道茅山社区胡家坝

浦口区
永宁街道青山社区
何家洼

第五批省级特色田园乡村

浦口区
星甸街道后圩社区
汪楼、胡顶

第三批省级传统村落
第五批省级特色田园乡村

浦口区
桥林街道福音社区
八刘

第五批省级特色田园乡村

浦口区
汤泉街道瓦殿社区
周庄关口章

第三批省级传统村落
第四批省级特色田园乡村

栖霞区
龙潭街道太平村
王大组

第五批省级特色田园乡村

栖霞区
西岗街道桦墅村
周冲组

第三批省级传统村落
第四批省级特色田园乡村

江宁区
秣陵街道元山社区
观音殿

第三批省级传统村落
第一批省级特色田园乡村

江宁区
谷里街道张溪社区
徐家院

第一批省级特色田园乡村

江宁区
湖熟街道和平社区
钱家渡

第二批省级特色田园乡村

江宁区
东山街道佘村社区
王家

第一批省级传统村落
第二批省级特色田园乡村

江宁区
江宁街道牌坊社区
黄龙岘

第一批省级传统村落
第三批省级特色田园乡村

江宁区
横溪街道石塘社区
石塘人家（后石塘）

第三批省级传统村落
第三批省级特色田园乡村

江宁区
谷里街道双塘社区
大塘金

第三批省级特色田园乡村

江宁区
汤山街道阜庄社区
石地

第三批省级传统村落
第五批省级特色田园乡村

江宁区
禄口街道溧塘社区
铜山端

第三批省级传统村落
第五批省级特色田园乡村

江宁区
秣陵街道胜家桥社区
史家

第四批省级特色田园乡村

江宁区
淳化街道青山社区
上堰

第三批省级传统村落
第四批省级特色田园乡村

江宁区
淳化街道周子村
港东

第四批省级特色田园乡村

江宁区
禄口街道曹村社区
山阴

第三批省级传统村落
第四批省级特色田园乡村

江宁区
淳化街道青龙社区
东龙

第四批省级特色田园乡村

六合区
龙袍街道长江社区
长江四组

第四批省级特色田园乡村

六合区
程桥街道金庄社区
肖王盛

溧水区
洪蓝街道傅家边社区
涧东

溧水区
晶桥镇水晶村
水晶

**溧水区
石湫街道九塘村
李在凤**

第四批省级特色田园乡村

**溧水区
白马镇石头寨村
李巷**

第一批省级传统村落
第三批省级特色田园乡村

**溧水区
晶桥镇芮家村
石山下**

第一批省级传统村落
第三批省级特色田园乡村

**溧水区
洪蓝街道上港社区
上庄**

第五批省级特色田园乡村

高淳区
桠溪街道瑶宕村
吕家

第三批省级特色田园乡村

高淳区
东坝街道游子山村
周泗涧

第四批省级特色田园乡村

高淳区
桠溪街道蓝溪村
大山

第五批省级特色田园乡村

高淳区
桠溪街道跃进村
西舍

第一批省级传统村落
第四批省级特色田园乡村

高淳区
漆桥街道茅山村
下城

第四批省级特色田园乡村

高淳区
固城街道游山村
邢家

第五批省级特色田园乡村

高淳区
固城街道游山村
陈村

第三批省级传统村落
第五批省级特色田园乡村

高淳区
东坝镇青山村
垄上

第一批省级传统村落
第一批省级特色田园乡村

高淳区
东坝街道游子山村
大仁凹

第三批省级传统村落
第五批省级特色田园乡村

高淳区
东坝镇游子山村
小茅山脚

第一批省级特色田园乡村

高淳区
固城街道蒋山村
汪家垄

第五批省级特色田园乡村

高淳区
漆桥街道茅山社区
胡家坝

第五批省级特色田园乡村

03

无锡市已命名
江苏省特色田园乡村名录

锡山区

◎ 锡山区鹅湖镇鹅湖村摇塘圩、蒋塘坝、北荡角
◎ 锡山区东港镇山联村油车巷

惠山区

◎ 惠山区阳山镇桃源村前寺舍
◎ 惠山区阳山镇阳山村朱村
◎ 惠山区洛社镇杨西园陈巷
◎ 惠山区洛社镇万马村朝南巷
◎ 惠山区阳山镇桃园村冯巷
◎ 惠山区前洲街道万里村荻庄
◎ 惠山区前洲街道蒋巷社区南冯

江阴市

◎ 江阴市璜土镇璜土村马家头
◎ 江阴市云亭街道花山村姚家
◎ 江阴市顾山镇红豆村红豆树坞
◎ 江阴市长泾镇蒲市村蒲市里
◎ 江阴市璜土镇璜土村东贯庄

宜兴市

◎ 宜兴市太华镇乾元村乾元
◎ 宜兴市张渚镇善卷村上东
◎ 宜兴市张渚镇善卷村下东
◎ 宜兴市丁蜀镇三洞桥村河南
◎ 宜兴市张渚镇龙池村龙池嘉园
◎ 宜兴市张渚镇南门村荷花
◎ 宜兴市张渚镇省庄村金家

锡山区
鹅湖镇鹅湖村
摇塘圩、蒋塘坝、北荡角

第三批省级传统村落
第五批省级特色田园乡村

锡山区
东港镇山联村
油车巷

第三批省级特色田园乡村

惠山区
阳山镇桃源村
前寺舍

第三批省级传统村落
第二批省级特色田园乡村

**惠山区
阳山镇阳山村
朱村**

第三批省级传统村落
第二批省级特色田园乡村

**惠山区
洛社镇
杨西园陈巷**

第五批省级特色田园乡村

**惠山区
洛社镇万马村
朝南巷**

第三批省级特色田园乡村

惠山区
阳山镇桃园村
冯巷

惠山区
前洲街道万里村
菂庄

惠山区
前洲街道蒋巷社区
南冯

江阴市
璜土镇璜土村
马家头

第三批省级特色田园乡村

江阴市
云亭街道花山村
姚家

第三批省级传统村落
第三批省级特色田园乡村

江阴市
顾山镇红豆村
红豆树坞

第三批省级传统村落
第四批省级特色田园乡村

江阴市
长泾镇蒲市村
蒲市里

第四批省级特色田园乡村

江阴市
璜土镇璜土村
东贯庄

宜兴市
太华镇乾元村
乾元

宜兴市
张渚镇善卷村
上东

宜兴市
张渚镇善卷村
下东

宜兴市
丁蜀镇三洞桥村
河南

宜兴市
张渚镇龙池村
龙池嘉园

宜兴市
张渚镇南门村
荷花

宜兴市
张渚镇省庄村
金家

03
建设名录

徐州市已命名
江苏省特色田园乡村名录

贾汪区

◎ 贾汪区茱萸山街道才沃村独湖

◎ 贾汪区潘安湖街道马庄村真旺

◎ 贾汪区大吴街道小吴村小吴

◎ 贾汪区潘安湖街道马庄村马庄

◎ 贾汪区青山泉镇房上村房上

铜山区

◎ 铜山区利国镇西李村石楼

◎ 铜山区汉王镇汉王村紫山

◎ 铜山区汉王镇南望村峨山

◎ 铜山区三堡街道潘楼村潘楼

◎ 铜山区伊庄镇倪园村倪园

◎ 铜山区柳泉镇北村村塔山

丰县

◎ 丰县大沙河镇二坝村西陈庄

◎ 丰县师寨镇小韩新型农村社区

◎ 丰县首羡镇张后屯村张后屯

沛县

◎ 沛县大屯街道安庄村挖工庄

◎ 沛县鹿楼镇千秋集新型农村社区

◎ 沛县张寨镇陈油坊村陈油坊

◎ 沛县沛城街道任庄村任庄

睢宁县

◎ 睢宁县王集镇洪山村鲤鱼山

◎ 睢宁县魏集镇湖畔槐园湖畔槐园

◎ 睢宁县姚集镇高党社区高党

新沂市

◎ 新沂市棋盘镇白草村白草塘

◎ 新沂市瓦窑镇富驰家园新型农村社区

◎ 新沂市阿湖镇桃岭新型农村社区

◎ 新沂市马陵山镇三合新型农村社区

◎ 新沂市棋盘镇杨庄新型农村社区

◎ 新沂市时集镇桃花源新型农村社区

邳州市

◎ 邳州市官湖镇授贤村授贤

◎ 邳州市铁富镇姚庄村姚庄

◎ 邳州市港上镇北西村北西

◎ 邳州市铁富镇油坊村油坊

◎ 邳州市官湖镇孙家村西河南

贾汪区
茱萸山街道才沃村
独湖

第三批省级传统村落
第五批省级特色田园乡村

贾汪区
潘安湖街道马庄村
真旺

第四批省级特色田园乡村

贾汪区
大吴街道小吴村
小吴

第五批省级特色田园乡村

贾汪区
潘安湖街道马庄村
马庄

第三批省级特色田园乡村

贾汪区
青山泉镇房上村
房上

第三批省级传统村落
第四批省级特色田园乡村

铜山区
利国镇西李村
石楼

第五批省级特色田园乡村

铜山区
汉王镇汉王村
紫山

第一批省级传统村落
第四批省级特色田园乡村

铜山区
汉王镇南望村
峨山

第四批省级特色田园乡村

铜山区
三堡街道潘楼村
潘楼

第四批省级特色田园乡村

铜山区
伊庄镇倪园村
倪园

第一批省级传统村落
第一批省级特色田园乡村

铜山区
柳泉镇北村村
塔山

第一批省级传统村落
第四批省级特色田园乡村

丰县
大沙河镇二坝村
西陈庄

第五批省级特色田园乡村

**丰县
师寨镇
小韩新型农村社区**

第三批省级特色田园乡村

**丰县
首羡镇张后屯村
张后屯**

第三批省级传统村落
第四批省级特色田园乡村

**沛县
大屯街道安庄村
挖工庄**

第三批省级传统村落
第四批省级特色田园乡村

**沛县
鹿楼镇
千秋集新型农村社区**

第三批省级特色田园乡村

沛县
张寨镇陈油坊村
陈油坊

沛县
沛城街道任庄村
任庄

睢宁县
王集镇洪山村
鲤鱼山

睢宁县
魏集镇湖畔槐园
湖畔槐园

睢宁县
姚集镇高党社区
高党

第五批省级特色田园乡村

新沂市
棋盘镇白草村
白草塘

第四批省级特色田园乡村

新沂市
瓦窑镇
富驰家园新型农村社区

第三批省级特色田园乡村

新沂市
阿湖镇
桃岭新型农村社区

第三批省级特色田园乡村

新沂市
马陵山镇
三合新型农村社区

第三批省级特色田园乡村

新沂市
棋盘镇
杨庄新型农村社区

第三批省级特色田园乡村

新沂市
时集镇
桃花源新型农村社区

第三批省级特色田园乡村

邳州市
官湖镇授贤村
授贤

第二批省级传统村落
第二批省级特色田园乡村

**邳州市
铁富镇姚庄村
姚庄**

第三批省级传统村落
第三批省级特色田园乡村

**邳州市
港上镇北西村
北西**

第三批省级传统村落
第三批省级特色田园乡村

**邳州市
铁富镇油坊村
油坊**

第五批省级特色田园乡村

**邳州市
官湖镇孙家村
西河南**

第五批省级特色田园乡村

03

常州市已命名
江苏省特色田园乡村名录

天宁区

◎ 天宁区郑陆镇查家村查家湾

钟楼区

◎ 钟楼区邹区镇安基村郭家湾、朝东、杨家塘、蔡家

新北区

◎ 新北区西夏墅镇梅林村龙王庙
◎ 新北区西夏墅镇东南村大薛家、韩村
◎ 新北区奔牛镇新市村塘上

武进区

◎ 武进区雪堰镇城西回民村陡门塘
◎ 武进区湟里镇西墅村里墅、黄金塘
◎ 武进区嘉泽镇跃进村花都馨苑
◎ 武进区湟里镇葛庄村下场

溧阳市

◎ 溧阳市戴埠镇戴南村杨家村
◎ 溧阳市别桥镇塘马村塘马
◎ 溧阳市上黄镇浒西村南山后
◎ 溧阳市上兴镇余巷村牛马塘
◎ 溧阳市南渡镇庆丰村陆家
◎ 溧阳市竹箦镇陆笪村陆笪
◎ 溧阳市溧城镇八字桥村礼诗圩

金坛区

◎ 金坛区薛埠镇仙姑村仙姑
◎ 金坛区薛埠镇茅东林场金牛村
◎ 金坛区儒林镇柚山村柚山
◎ 金坛区尧塘街道谢桥村徐家庄

天宁区
郑陆镇查家村
查家湾

第三批省级传统村落
第五批省级特色田园乡村

钟楼区
邹区镇安基村
郭家湾、朝东、杨家塘、蔡家

第三批省级特色田园乡村

新北区
西夏墅镇梅林村
龙王庙

第三批省级特色田园乡村

新北区
西夏墅镇东南村
大薛家、韩村

第三批省级传统村落
第五批省级特色田园乡村

新北区
奔牛镇新市村
塘上

第四批省级特色田园乡村

武进区
雪堰镇城西回民村
陡门塘

第一批省级传统村落
第二批省级特色田园乡村

武进区
湟里镇西墅村
里墅、黄金塘

第三批省级传统村落
第三批省级特色田园乡村

武进区
嘉泽镇跃进村
花都馨苑

第四批省级特色田园乡村

武进区
湟里镇葛庄村
下场

第四批省级特色田园乡村

**溧阳市
戴埠镇戴南村
杨家村**

**溧阳市
别桥镇塘马村
塘马**

**溧阳市
上黄镇浒西村
南山后**

溧阳市
上兴镇余巷村
牛马塘

第一批省级传统村落
第一批省级特色田园乡村

溧阳市
南渡镇庆丰村
陆家

第三批省级特色田园乡村

溧阳市
竹箦镇陆笪村
陆笪

第一批省级传统村落
第四批省级特色田园乡村

溧阳市
溧城镇八字桥村
礼诗圩

第一批省级特色田园乡村

金坛区
薛埠镇仙姑村
仙姑

金坛区
薛埠镇
茅东林场金牛村

金坛区
儒林镇柚山村
柚山

金坛区
尧塘街道谢桥村
徐家庄

03

建设名录

苏州市已命名
江苏省特色田园乡村名录

吴中区
◎ 吴中区临湖镇石舍村柳舍
◎ 吴中区横泾街道上林村东林渡
◎ 吴中区临湖镇灵湖村黄墅
◎ 吴中区越溪街道旺山村钱家坞、西坞里
◎ 吴中区金庭镇石公村明月湾
◎ 吴中区香山街道舟山村核雕
◎ 吴中区越溪街道张桥村西川塘
◎ 吴中区东山镇杨湾村西巷
◎ 吴中区东山镇陆巷村陆巷

相城区
◎ 相城区望亭镇迎湖村仁巷
◎ 相城区阳澄湖镇消泾村二亩塘
◎ 相城区望亭镇迎湖村南河港
◎ 相城区黄埭镇冯梦龙村冯埂上

吴江区
◎ 吴江区震泽镇众安桥村谢家路
◎ 吴江区七都镇开弦弓村开弦弓
◎ 吴江区同里镇北联村洋溢港

◎ 吴江区松陵街道南厍村南厍
◎ 吴江区八坼街道农创村东庄田
◎ 吴江区盛泽镇黄家溪村黄家溪
◎ 吴江区平望镇庙头村后港
◎ 吴江区横扇街道星字湾村北上
◎ 吴江区黎里镇东联村许庄
◎ 吴江区盛泽镇沈家村金家浜、沈家坝

常熟市
◎ 常熟市古里镇坞坵村陈家湾
◎ 常熟市支塘镇蒋巷村蒋巷
◎ 常熟市海虞镇七峰村上山巷
◎ 常熟市董浜镇观智村天主堂
◎ 常熟市海虞镇福山村寺前

张家港市
◎ 张家港市凤凰镇双塘村肖家巷
◎ 张家港市杨舍镇福前村福东片区
◎ 张家港市常阴沙现代农业示范园区
　 常兴社区青年圩
◎ 张家港市锦丰镇南港村后套圩

昆山市
◎ 昆山市淀山湖镇永新村六如墩
◎ 昆山市锦溪镇朱浜村祝家甸
◎ 昆山市千灯镇歇马桥村歇马桥
◎ 昆山市张浦镇金华村北华翔
◎ 昆山市巴城镇武神潭村武神潭
◎ 昆山市周庄镇祁浜村三株浜

太仓市
◎ 太仓市沙溪镇庄西村庄西
◎ 太仓市璜泾镇杨漕村草庙
◎ 太仓市城厢镇太丰社区花墙
◎ 太仓市浮桥镇三市村三家市

高新区
◎ 高新区通安镇树山村树山
◎ 高新区浒墅关镇华盛社区花野圩
◎ 高新区镇湖街道石帆村东石帆

吴中区
临湖镇石舍村
柳舍

第三批省级传统村落
第三批省级特色田园乡村

吴中区
横泾街道上林村
东林渡

第三批省级传统村落
第三批省级特色田园乡村

吴中区
临湖镇灵湖村
黄墅

第一批省级传统村落
第一批省级特色田园乡村

吴中区
越溪街道旺山村
钱家坞、西坞里

第三批省级传统村落
第四批省级特色田园乡村

吴中区
金庭镇石公村
明月湾

中国历史文化名村
中国传统村落
第一批省级传统村落
第五批省级特色田园乡村

吴中区
香山街道舟山村
核雕

中国传统村落
第一批省级传统村落
第五批省级特色田园乡村

吴中区
**越溪街道张桥村
西山塘**

第三批省级传统村落
第三批省级特色田园乡村

吴中区
**东山镇杨湾村
西巷**

中国历史文化名村（杨湾村）
中国传统村落（杨湾村）
第一批省级传统村落（杨湾村）
第二批省级特色田园乡村

吴中区
**东山镇陆巷村
陆巷**

中国历史文化名村
中国传统村落
第一批省级传统村落
第五批省级特色田园乡村

**相城区
望亭镇迎湖村
仁巷**

第三批省级传统村落
第三批省级特色田园乡村

**相城区
阳澄湖镇消泾村
二亩塘**

第五批省级特色田园乡村

**相城区
望亭镇迎湖村
南河港**

第三批省级传统村落
第三批省级特色田园乡村

**相城区
黄埭镇冯梦龙村
冯埂上**

第三批省级传统村落
第四批省级特色田园乡村

**吴江区
震泽镇众安桥村
谢家路**

第二批省级特色田园乡村

**吴江区
七都镇开弦弓村
开弦弓**

第二批省级传统村落
第四批省级特色田园乡村

吴江区
同里镇北联村
洋溢港

第三批省级传统村落
第四批省级特色田园乡村

吴江区
松陵街道南厍村
南厍

第二批省级传统村落
第四批省级特色田园乡村

吴江区
八坼街道农创村
东庄田

第五批省级特色田园乡村

吴江区
盛泽镇黄家溪村
黄家溪

第五批省级特色田园乡村

吴江区
平望镇庙头村
后港

第五批省级特色田园乡村

吴江区
横扇街道星宇湾村
北上

第五批省级特色田园乡村

吴江区
黎里镇东联村
许庄

第三批省级传统村落
第三批省级特色田园乡村

吴江区
盛泽镇沈家村
金家浜、沈家坝

第五批省级特色田园乡村

常熟市
古里镇坞坵村
陈家湾

第五批省级特色田园乡村

常熟市
支塘镇蒋巷村
蒋巷

第二批省级特色田园乡村

常熟市
海虞镇七峰村
上山巷

第三批省级特色田园乡村

常熟市
董浜镇观智村
天主堂

第三批省级传统村落
第四批省级特色田园乡村

常熟市
海虞镇福山村
寺前

第五批省级特色田园乡村

张家港市
凤凰镇双塘村
肖家巷

第三批省级传统村落
第三批省级特色田园乡村

张家港市
杨舍镇福前村
福东片区

第五批省级特色田园乡村

张家港市
常阴沙现代农业示范园区
常兴社区青年圩

第五批省级特色田园乡村

张家港市
锦丰镇南港村
后套圩

第五批省级特色田园乡村

昆山市
淀山湖镇永新村
六如墩

第三批省级特色田园乡村

昆山市
锦溪镇朱浜村
祝家甸

第一批省级传统村落
第二批省级特色田园乡村

昆山市
千灯镇歇马桥村
歇马桥

中国传统村落
第一批省级传统村落
第四批省级特色田园乡村

昆山市
张浦镇金华村
北华翔

第三批省级传统村落
第一批省级特色田园乡村

昆山市
巴城镇武神潭村
武神潭

第五批省级特色田园乡村

昆山市
周庄镇祁浜村
三株浜

第一批省级传统村落
第一批省级特色田园乡村

太仓市
沙溪镇庄西村
庄西

第五批省级特色田园乡村

太仓市
璜泾镇杨漕村
草庙

第四批省级特色田园乡村

太仓市
城厢镇太丰社区
花墙

第五批省级特色田园乡村

太仓市
浮桥镇三市村
三家市

第一批省级传统村落
第五批省级特色田园乡村

高新区
通安镇树山村
树山

第四批省级特色田园乡村

高新区
浒墅关镇华盛社区
花野圩

第五批省级特色田园乡村

高新区
镇湖街道石帆村
东石帆

第四批省级特色田园乡村

03

建设名录

南通市已命名
江苏省特色田园乡村名录

如东县
◎ 如东县掘港镇虹桥村高杨

如皋市
◎ 如皋市城北街道平园池村藕池庄
◎ 如皋市如城街道钱长村夏家庄
◎ 如皋市如城街道大明社区大镠马
◎ 如皋市如城街道顾庄社区顾家庄
◎ 如皋市城北街道花园桥社区花园桥庄

海门区
◎ 海门区常乐镇颐生村颐南

如东县
掘港镇虹桥村
高杨

如皋市
城北街道平园池村
藕池庄

如皋市
如城街道钱长村
夏家庄

**如皋市
如城街道大明社区
大镠马**

**如皋市
如城街道顾庄社区
顾家庄**

**如皋市
城北街道花园桥社区
花园桥庄**

**海门区
常乐镇颐生村
颐南**

03

连云港市已命名
江苏省特色田园乡村名录

连云区

◎ 连云区高公岛街道高公岛村高公岛
◎ 连云区宿城街道留云岭村留云岭
◎ 连云区高公岛街道黄窝村黄窝
◎ 连云区高公岛街道柳河村柳河
◎ 连云区宿城街道夏庄村夏庄

海州区

◎ 海州区朐阳街道孔望山村吴窑
◎ 海州区浦南镇太平村太平

赣榆区

◎ 赣榆区黑林镇芦山村小芦山
◎ 赣榆区柘汪镇西棘荡村西棘荡
◎ 赣榆区宋庄镇沙口村沙口
◎ 赣榆区班庄镇前集村前集

东海县

◎ 东海县石梁河镇胜泉村胜泉
◎ 东海县石湖乡尤塘村小尤塘

灌云县

◎ 灌云县伊山镇川星村周庄
◎ 灌云县杨集镇小乔圩村刘庄

灌南县

◎ 灌南县李集乡新民村新民

开发区

◎ 开发区中云街道金苏村金苏
◎ 开发区朝阳街道韩李村韩李

连云区
高公岛街道高公岛村
高公岛

第三批省级传统村落
第四批省级特色田园乡村

连云区
宿城街道留云岭村
留云岭

第三批省级传统村落
第四批省级特色田园乡村

连云区
高公岛街道黄窝村
黄窝

第一批省级传统村落
第四批省级特色田园乡村

连云区
高公岛街道柳河村
柳河

第五批省级特色田园乡村

连云区
宿城街道夏庄村
夏庄

第五批省级特色田园乡村

海州区
朐阳街道孔望山村
吴窑

第四批省级特色田园乡村

海州区
浦南镇太平村
太平

第四批省级特色田园乡村

赣榆区
黑林镇芦山村
小芦山

第三批省级传统村落
第二批省级特色田园乡村

赣榆区
柘汪镇西棘荡村
西棘荡

第四批省级特色田园乡村

赣榆区
宋庄镇沙口村
沙口

第四批省级特色田园乡村

赣榆区
班庄镇前集村
前集

省定经济薄弱村
第五批省级特色田园乡村

东海县
石梁河镇胜泉村
胜泉

第五批省级特色田园乡村

东海县
石湖乡尤塘村
小尤塘

灌云县
伊山镇川星村
周庄

灌云县
杨集镇小乔圩村
刘庄

灌南县
李集乡新民村
新民

第三批省级传统村落
省定经济薄弱村
第二批省级特色田园乡村

开发区
中云街道金苏村
金苏

第二批省级传统村落
第四批省级特色田园乡村

开发区
朝阳街道韩李村
韩李

第三批省级传统村落
第五批省级特色田园乡村

03

建设名录

淮安市已命名
江苏省特色田园乡村名录

淮安区
◎ 淮安区流均镇都梁村建成庄

涟水县
◎ 涟水县成集镇条河新型农村社区
◎ 涟水县高沟镇扁担村一组、二组、五组、七组、八组

洪泽区
◎ 洪泽区蒋坝镇头河村大杨庄
◎ 洪泽区老子山镇龟山村一、二组

盱眙县
◎ 盱眙县天泉湖镇陡山村陡山庄
◎ 盱眙县旧铺镇茶场一队四组

金湖县
◎ 金湖县塔集镇高桥村黄庄

清江浦区
◎ 清江浦区和平镇越闸村古庄牛

淮安区
流均镇都梁村
建成庄

第五批省级特色田园乡村

涟水县
成集镇
条河新型农村社区

第三批省级特色田园乡村

涟水县
高沟镇扁担村
一组、二组、五组、七组、
八组

省定经济薄弱村
第三批省级特色田园乡村

洪泽区
蒋坝镇头河村
大杨庄

第五批省级特色田园乡村

洪泽区
老子山镇龟山村
一、二组

中国传统村落
第五批省级特色田园乡村

盱眙县
天泉湖镇陡山村
陡山庄

第五批省级特色田园乡村

盱眙县
旧铺镇
茶场一队四组

第三批省级传统村落
第三批省级特色田园乡村

金湖县
塔集镇高桥村
黄庄

第三批省级传统村落
第二批省级特色田园乡村

清江浦区
和平镇越闸村
古庄牛

第五批省级特色田园乡村

03
建设名录

盐城市已命名
江苏省特色田园乡村名录

亭湖区

◎ 亭湖区黄尖镇花川新型农村社区
◎ 亭湖区步凤镇红升新型农村社区
◎ 亭湖区新兴镇新永新型农村社区

盐都区

◎ 盐都区大纵湖镇三官村小官
◎ 盐都区郭猛镇杨侍村杨侍
◎ 盐都区秦南镇泾口村洪武
◎ 盐都区龙冈镇张本村张本
◎ 盐都区盐渎街道花吉新型农村社区
◎ 盐都区秦南镇千秋村南张本
◎ 盐都区尚庄镇塘桥村野塘
◎ 盐都区潘黄街道仰徐村仰徐
◎ 盐都区大冈镇佳富村朱杨庄

响水县

◎ 响水县响水镇五河新型农村社区
◎ 响水县黄圩镇云彩新型农村社区

滨海县

◎ 滨海县八滩镇界山新型农村社区
◎ 滨海县天场镇秉义新型农村社区
◎ 滨海县八巨镇前案新型农村社区
◎ 滨海县坎北街道长法新型农村社区

阜宁县

◎ 阜宁县陈良镇新涂东苑新型农村社区
◎ 阜宁县沟墩镇条岗新型农村社区
◎ 阜宁县金沙湖街道喻口村喻口
◎ 阜宁县东沟镇何桥新型农村社区

射阳县

◎ 射阳县洋马镇贺东新型农村社区
◎ 射阳县兴桥镇津富新型农村社区
◎ 射阳县海河镇旭日新型农村社区
◎ 射阳县特庸镇王村五组
◎ 射阳县长荡镇三合新型农村社区

建湖县

◎ 建湖县恒济镇恒东新型农村社区
◎ 建湖县九龙口镇收成新型农村社区
◎ 建湖县恒济镇建河村谢庄、范庄、虞庄
◎ 建湖县建阳镇西尖新型农村社区

东台市

◎ 东台市三仓镇兰址村一、二和三组
先进路北侧,四、五、六、七组
◎ 东台市五烈镇甘港村甘港中心村
◎ 东台市新街镇方东村一、二、三、五、七组
◎ 东台市弶港镇八里新型农村社区

◎ 东台市安丰镇红安新型农村社区
◎ 东台市三仓镇联南村
三、四、五、六、七、八组
◎ 东台市三仓镇官苴村二、三、五、六组

大丰区

◎ 大丰区万盈镇益民新型农村社区
◎ 大丰区大中街道恒北村二号村庄
◎ 大丰区刘庄镇友谊新型农村社区
◎ 大丰区西团镇众心新型农村社区
◎ 大丰区大桥镇大桥新型农村社区
◎ 大丰区草庙镇东灶新型农村社区
◎ 大丰区白驹镇马家新型农村社区
◎ 大丰区小海镇海团新型农村社区
◎ 大丰区三龙镇龙东新型农村社区

亭湖区
黄尖镇
花川新型农村社区

第三批省级特色田园乡村

亭湖区
步凤镇
红升新型农村社区

第三批省级特色田园乡村

亭湖区
新兴镇
新永新型农村社区

第三批省级特色田园乡村

盐都区
大纵湖镇三官村
小官

盐都区
郭猛镇杨侍村
杨侍

盐都区
秦南镇泾口村
洪武

盐都区
龙冈镇张本村
张本

第二批省级传统村落
第五批省级特色田园乡村

盐都区
盐渎街道
花吉新型农村社区

第三批省级特色田园乡村

盐都区
秦南镇千秋村
南张本

第四批省级特色田园乡村

盐都区
尚庄镇塘桥村
野塘

第五批省级特色田园乡村

盐都区
潘黄街道仰徐村
仰徐

第四批省级特色田园乡村

盐都区
大冈镇佳富村
朱杨庄

第四批省级特色田园乡村

响水县
响水镇
五河新型农村社区

响水县
黄圩镇
云彩新型农村社区

滨海县
八滩镇
界山新型农村社区

滨海县
天场镇
秉义新型农村社区

滨海县
八巨镇
前案新型农村社区

滨海县
坎北街道
长法新型农村社区

阜宁县
陈良镇
新涂东苑新型农村社区

阜宁县
沟墩镇
条岗新型农村社区

阜宁县
金沙湖街道喻口村
喻口

阜宁县
东沟镇
何桥新型农村社区

第三批省级特色田园乡村

射阳县
洋马镇
贺东新型农村社区

第三批省级特色田园乡村

射阳县
兴桥镇
津富新型农村社区

第三批省级特色田园乡村

射阳县
海河镇
旭日新型农村社区

第三批省级特色田园乡村

射阳县
特庸镇王村
五组

第五批省级特色田园乡村

射阳县
长荡镇
三合新型农村社区

第三批省级特色田园乡村

建湖县
恒济镇
恒东新型农村社区

建湖县
九龙口镇
收成新型农村社区

建湖县
恒济镇建河村
谢庄、范庄、虞庄

建湖县
建阳镇
西尖新型农村社区

东台市
三仓镇兰址村
一、二和三组先进路
北侧,四、五、六、七组

第三批省级传统村落
第一批省级特色田园乡村

东台市
五烈镇甘港村
甘港中心村

第三批省级特色田园乡村

东台市
新街镇方东村
一、二、三、五、七组

第三批省级特色田园乡村

东台市
弶港镇
八里新型农村社区

第三批省级特色田园乡村

东台市
安丰镇
红安新型农村社区

第三批省级特色田园乡村

东台市
三仓镇联南村
三、四、五、六、七、八组

第三批省级传统村落
第一批省级特色田园乡村

东台市
三仓镇官苴村
二、三、五、六组

第三批省级传统村落
第一批省级特色田园乡村

大丰区
万盈镇
益民新型农村社区

第三批省级特色田园乡村

大丰区
大中街道恒北村
二号村庄

第三批省级传统村落
第四批省级特色田园乡村

大丰区
刘庄镇
友谊新型农村社区

第三批省级特色田园乡村

大丰区
西团镇
众心新型农村社区

第三批省级特色田园乡村

大丰区
大桥镇
大桥新型农村社区

第三批省级特色田园乡村

大丰区
草庙镇
东灶新型农村社区

第三批省级特色田园乡村

大丰区
白驹镇
马家新型农村社区

第三批省级特色田园乡村

大丰区
小海镇
海团新型农村社区

第三批省级特色田园乡村

大丰区
三龙镇
龙东新型农村社区

第三批省级特色田园乡村

03

建设名录

扬州市已命名
江苏省特色田园乡村名录

邗江区
◎ 邗江区方巷镇沿湖村沿湖
◎ 邗江区甘泉街道长塘村高庄组

江都区
◎ 江都区吴桥镇高扬村郭姚庄
◎ 江都区小纪镇纪西村靳庄组、大林组
◎ 江都区丁沟镇黄花村新一组、南蒋组

宝应县
◎ 宝应县柳堡镇团庄村团庄
◎ 宝应县夏集镇果园场同心组

仪征市
◎ 仪征市马集镇方营村吴庄组、联合组、合心组、殷庄组
◎ 仪征市枣林湾旅游度假区长山村头王
◎ 仪征市陈集镇沙集村洪庄组、沙集组、高庄组
◎ 仪征市新城镇三茅村永久组
◎ 仪征市月塘镇四庄村四庄组、东队组
◎ 仪征市马集镇合心村丁三魏
◎ 仪征市新集镇凌东村林坎组

高邮市
◎ 高邮市卸甲镇金港村港西庄
◎ 高邮市菱塘回族乡清真村清真
◎ 高邮市三垛镇少游村秦家垛

广陵区
◎ 广陵区沙头镇沙头村永太组、永加组
◎ 广陵区沙头镇人民滩村五、七、八组

邗江区
方巷镇沿湖村
沿湖

第四批省级特色田园乡村

邗江区
甘泉街道长塘村
高庄组

第三批省级传统村落
第三批省级特色田园乡村

江都区
吴桥镇高扬村
郭姚庄

第四批省级特色田园乡村

江都区
小纪镇纪西村
靳庄组、大林组

第五批省级特色田园乡村

江都区
丁沟镇黄花村
新一组、南蒋组

第三批省级传统村落
第三批省级特色田园乡村

宝应县
柳堡镇团庄村
团庄

第五批省级特色田园乡村

宝应县
夏集镇
果园场同心组

仪征市
马集镇方营村
吴庄组、联合组、
合心组、殷庄组

仪征市
枣林湾旅游度假区长山村
头王

仪征市
陈集镇沙集村
洪庄组、沙集组、高庄组

第五批省级特色田园乡村

仪征市
新城镇三茅村
永久组

第五批省级特色田园乡村

仪征市
月塘镇四庄村
四庄组、东队组

第三批省级传统村落
第三批省级特色田园乡村

仪征市
马集镇合心村
丁三魏

第四批省级特色田园乡村

仪征市
新集镇凌东村
林坎组

第五批省级特色田园乡村

高邮市
卸甲镇金港村
港西庄

第三批省级传统村落
第四批省级特色田园乡村

高邮市
菱塘回族乡清真村
清真

第一批省级传统村落
第五批省级特色田园乡村

高邮市
三垛镇少游村
秦家垛

第三批省级传统村落
第四批省级特色田园乡村

广陵区
沙头镇沙头村
永太组、永加组

第三批省级特色田园乡村

广陵区
沙头镇人民滩村
五、七、八组

第五批省级特色田园乡村

03

镇江市已命名
江苏省特色田园乡村名录

丹徒区

◎ 丹徒区世业镇世业村还青洲

◎ 丹徒区世业镇世业村永茂圩

◎ 丹徒区世业镇先锋村一组

◎ 丹徒区高资街道水台村水台

丹阳市

◎ 丹阳市高新区大钱村大钱甲

◎ 丹阳市延陵镇九里村九里

◎ 丹阳市访仙镇红光村鸢集翔

◎ 丹阳市开发区建山村黄连山、陈山村、前刘家

◎ 丹阳市延陵镇柳茹村柳茹

◎ 丹阳市访仙镇草塘村草塘

扬中市

◎ 扬中市三茅街道兴阳村永乐圩

◎ 扬中市八桥镇利民村六圩埭

◎ 扬中市三茅街道营房村国字圩

◎ 扬中市新坝镇新治村三江湾

句容市

◎ 句容市后白镇西冯村西冯

◎ 句容市茅山风景区管委会李塔村陈庄

◎ 句容市天王镇蔡巷村西庄

◎ 句容市天王镇唐陵村东三棚

◎ 句容市茅山镇丁庄村丁庄

丹徒区
世业镇世业村
还青洲

第二批省级特色田园乡村

丹徒区
世业镇世业村
永茂圩

第二批省级特色田园乡村

丹徒区
世业镇先锋村
一组

第二批省级特色田园乡村

丹徒区
高资街道水台村
水台

第五批省级特色田园乡村

丹阳市
高新区大钱村
大钱甲

第五批省级特色田园乡村

丹阳市
延陵镇九里村
九里

中国传统村落
省级历史文化名村
第一批省级传统村落
第五批省级特色田园乡村

丹阳市
访仙镇红光村
鸾集翔

第三批省级特色田园乡村

丹阳市
开发区建山村
黄连山、陈山村、前刘家

第三批省级传统村落
第四批省级特色田园乡村

丹阳市
延陵镇柳茹村
柳茹

中国传统村落
省级历史文化名村
第一批省级传统村落
第五批省级特色田园乡村

丹阳市
访仙镇草塘村
草塘

扬中市
三茅街道兴阳村
永乐圩

扬中市
八桥镇利民村
六圩埭

扬中市
三茅街道营房村
国字圩

扬中市
新坝镇新治村
三江湾

句容市
后白镇西冯村
西冯

句容市
茅山风景区管委会李塔村
陈庄

第三批省级传统村落
第三批省级特色田园乡村

句容市
天王镇蔡巷村
西庄

第五批省级特色田园乡村

句容市
天王镇唐陵村
东三棚

第三批省级传统村落
第三批省级特色田园乡村

句容市
茅山镇丁庄村
丁庄

第三批省级传统村落
第四批省级特色田园乡村

03

建设名录

泰州市已命名
江苏省特色田园乡村名录

高港区

◎ 高港区大泗镇霍堡村霍堡

姜堰区

◎ 姜堰区淤溪镇周庄村周庄
◎ 姜堰区桥头镇小杨村小杨
◎ 姜堰区溱潼镇湖南村湖南
◎ 姜堰区沈高镇河横村河横
◎ 姜堰区溱潼镇西陈庄村西陈庄

兴化市

◎ 兴化市海南镇刘泽村刘泽
◎ 兴化市千垛镇徐圩村圩岸
◎ 兴化市沈伦镇崇禄村崇禄
◎ 兴化市昌荣镇安仁村邹罗
◎ 兴化市千垛镇东罗村东罗
◎ 兴化市陈堡镇唐庄村唐堡
◎ 兴化市周庄镇胡官村胡官
◎ 兴化市昌荣镇盐北村万昌
◎ 兴化市大垛镇管阮村管阮
◎ 兴化市新垛镇施家桥村施家
◎ 兴化市沙沟镇官河村官庄

靖江市

◎ 靖江市生祠镇利珠村前进埭、东进埭、顾东埭、顾西埭、短埭、新东埭
◎ 靖江市生祠镇东进村周家埭、倪家埭、十三圩
◎ 靖江市新桥镇德胜村王家湾、弯刀圩、新义圩、义新圩、倪家圩
◎ 靖江市季市镇安武村弯腰沟埭、岸东埭、刘动如埭
◎ 靖江市马桥镇徐周村徐周

泰兴市

◎ 泰兴市黄桥镇祁巷村祁家庄
◎ 泰兴市曲霞镇印达村芮音圩、掛扣圩
◎ 泰兴市宣堡镇郭寨村郭东
◎ 泰兴市宣堡镇银杏村银杏

高港区
大泗镇霍堡村
霍堡

姜堰区
淤溪镇周庄村
周庄

姜堰区
桥头镇小杨村
小杨

姜堰区
溱潼镇湖南村
湖南

第一批省级传统村落
第二批省级特色田园乡村

姜堰区
沈高镇河横村
河横

第三批省级特色田园乡村

姜堰区
溱潼镇西陈庄村
西陈庄

第一批省级传统村落
第三批省级特色田园乡村

兴化市
海南镇刘泽村
刘泽

第三批省级传统村落
第三批省级特色田园乡村

兴化市
千垛镇徐圩村
圩岸

第三批省级传统村落
第四批省级特色田园乡村

兴化市
沈伦镇崇禄村
崇禄

第四批省级特色田园乡村

**兴化市
昌荣镇安仁村
邹罗**

第五批省级特色田园乡村

**兴化市
千垛镇东罗村
东罗**

第一批省级传统村落
第一批省级特色田园乡村

**兴化市
陈堡镇唐庄村
唐堡**

第二批省级传统村落
第一批省级特色田园乡村

**兴化市
周庄镇胡官村
胡官**

第三批省级传统村落
第四批省级特色田园乡村

**兴化市
昌荣镇盐北村
万昌**

第四批省级特色田园乡村

**兴化市
大垛镇管阮村
管阮**

第一批省级传统村落
第三批省级特色田园乡村

兴化市
新垛镇施家桥村
施家

第三批省级传统村落
第三批省级特色田园乡村

兴化市
沙沟镇官河村
官庄

第五批省级特色田园乡村

靖江市
生祠镇利珠村
前进埭、东进埭、顾东埭、
顾西埭、短埭、新东埭

第五批省级特色田园乡村

靖江市
生祠镇东进村
周家埭、倪家埭、十三圩

靖江市
新桥镇德胜村
王家湾、弯刀圩、新义圩、
义新圩、倪家圩

靖江市
季市镇安武村
弯腰沟埭、岸东埭、刘动如埭

靖江市
马桥镇徐周村
徐周

泰兴市
黄桥镇祁巷村
祁家庄

第三批省级传统村落
第一批省级特色田园乡村

泰兴市
曲霞镇印达村
芮音圩、掛扣圩

第三批省级传统村落
第五批省级特色田园乡村

泰兴市
宣堡镇郭寨村
郭东

第五批省级特色田园乡村

泰兴市
宣堡镇银杏村
银杏

第三批省级传统村落
第三批省级特色田园乡村

03

宿迁市已命名
江苏省特色田园乡村名录

宿城区

◎ 宿城区耿车镇大众村蔡史庄

◎ 宿城区耿车镇刘圩新型农村社区

◎ 宿城区龙河镇董王新村新型农村社区

◎ 宿城区耿车镇红卫村王玉庄

沭阳县

◎ 沭阳县新河镇双荡村山荡

◎ 沭阳县庙头镇聚贤村仲楼

泗阳县

◎ 泗阳县穿城镇小史集新型农村社区

◎ 泗阳县卢集镇薛嘴村薛嘴

◎ 泗阳县新袁镇灯笼湖村堆上组

◎ 泗阳县新袁镇三岔村三岔

◎ 泗阳县李口镇八堡村八堡

◎ 泗阳县卢集镇郝桥村时杨组

泗洪县

◎ 泗洪县半城镇大王庄大王新民居

洋河新区

◎ 洋河新区洋河镇梁庄村梁庄人家

宿豫区

◎ 宿豫区仰化镇涧河新型农村社区

◎ 宿豫区新庄镇振友新型农村社区

◎ 宿豫区顺河街道梨园湾社区林苗圃

◎ 宿豫区曹集乡双河里村双河里

◎ 宿豫区陆集镇利民新村新型农村社区

◎ 宿豫区保安乡丰庄新型农村社区

◎ 宿豫区新庄镇杉荷园社区朱瓦

宿城区
耿车镇大众村
蔡史庄

宿城区
耿车镇
刘圩新型农村社区

宿城区
龙河镇董王新村
新型农村社区

**宿城区
耿车镇红卫村
王玉庄**

第五批省级特色田园乡村

**沭阳县
新河镇双荡村
山荡**

省定经济薄弱村
第五批省级特色田园乡村

**沭阳县
庙头镇聚贤村
仲楼**

第一批省级传统村落
第五批省级特色田园乡村

泗阳县
穿城镇
小史集新型农村社区

第三批省级特色田园乡村

泗阳县
卢集镇薛嘴村
薛嘴

省定经济薄弱村
第三批省级特色田园乡村

泗阳县
新袁镇灯笼湖村
堆上组

第三批省级传统村落
省定经济薄弱村
第一批省级特色田园乡村

泗阳县
新袁镇三岔村
三岔

第三批省级传统村落
省定经济薄弱村
第五批省级特色田园乡村

泗阳县
李口镇八堡村
八堡

第三批省级传统村落
第二批省级特色田园乡村

泗阳县
卢集镇郝桥村
时杨组

第二批省级特色田园乡村

泗洪县
半城镇大王庄
大王新民居

第五批省级特色田园乡村

洋河新区
洋河镇梁庄村
梁庄人家

第五批省级特色田园乡村

宿豫区
仰化镇
涧河新型农村社区

第三批省级特色田园乡村

宿豫区
新庄镇
振友新型农村社区

省定经济薄弱村
第三批省级特色田园乡村

宿豫区
顺河街道梨园湾社区
林苗圃

第二批省级传统村落
第四批省级特色田园乡村

宿豫区
曹集乡双河里村
双河里

第一批省级传统村落
第四批省级特色田园乡村

宿豫区
陆集镇利民新村
新型农村社区

第三批省级特色田园乡村

宿豫区
保安乡
丰庄新型农村社区

第三批省级特色田园乡村

宿豫区
新庄镇
杉荷园社区朱瓦

第五批省级特色田园乡村